自觉天宁：
闲品《小窗幽记》

ZIJUE TIANNING
XIANPIN XIAOCHUANGYOUJI

赵 燕 编著

北京工业大学出版社

图书在版编目（C I P）数据

自觉天宁：闲品《小窗幽记》/ 赵燕编著. —北京：北京工业大学出版社，2017.4

ISBN 978-7-5639-5121-5

Ⅰ.①自… Ⅱ.①赵… Ⅲ.①人生哲学-中国-明代②《小窗幽记》-注释 ③《小窗幽记》-译文 Ⅳ.①B825

中国版本图书馆 CIP 数据核字（2016）第 318949 号

自觉天宁：闲品《小窗幽记》

编　　著：赵　燕

责任编辑：翟雅薇

封面设计：尚世视觉

出版发行：北京工业大学出版社

　　　　　（北京市朝阳区平乐园 100 号　邮编：100124）

　　　　　010-67391722（传真）　bgdcbs@sina.com

出 版 人：郝　勇

经销单位：全国各地新华书店

承印单位：九洲财鑫印刷有限公司

开　　本：787 毫米×1092 毫米　1/16

印　　张：16.25

字　　数：188 千字

版　　次：2017 年 4 月第 1 版

印　　次：2017 年 4 月第 1 次印刷

标准书号：ISBN 978-7-5639-5121-5

定　　价：30.00 元

前　　言

　　《小窗幽记》是一本关于人生处世之道的格言书，由明代陈继儒所著，共分为醒、情、峭、灵、素、景、韵、奇、绮、豪、法、倩12卷，教育我们要放下欲望，引导我们找到超凡脱俗的人生境界，让我们重视心灵的作用。《小窗幽记》文笔优美，用词精准，情感深厚。特别是写景一卷，文字美如画。

　　每个人都有自己的苦难史和快乐史，陈继儒的集醒篇告诉我们要将富贵放在脑后，少一些对名和利的追逐，才能活得快乐。多去大自然中走走，可以让心灵变得幽静。陈继儒写道："闭门阅佛书，开门接佳客，出门寻山水，此人生三乐。眼里无点灰尘，方可读书千卷；胸中没些渣滓，才能处事一番。""剖去胸中荆棘以便人我往来，是天下第一快乐世界。"

　　《小窗幽记》所选择的格言妙语、写景小品，对我们的人生、处世、写作、思考等方面都有很多的启发。遇到困难的时候，读一读这本书，可以让我们的思维变得开阔，不再执着于曾经错误的想法。

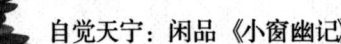

本书作者撷取《小窗幽记》十二卷中的精妙词句，在传统的原文、译文的基础上增加了赏析，删除了注释，形式相对灵活，也更易于读者阅读。本书语言简练，通俗易懂，符合当下人们的阅读习惯。阅读本书可以让人们更加清楚地知道《小窗幽记》这本奇书到底讲了些什么，读它对我们自身有什么好处。

随手拿起这本书，读一读、品一品，你便会觉得有所得、有所悟，而后便会觉得整个人都变得安静自在、自得其乐。

目 录

第一章　醒——清醒，才能体验百味人生

[原文] 食中山之酒，一醉千日。今世之昏昏逐逐，无一日不醉。趋名者醉于朝，趋利者醉于野，豪者醉于声色车马，而天下竟为昏迷不醒之天下矣！安得一服清凉散，人人解醒？集醒第一。

[译文] 当我们喝了中山人酿造的美酒之后，马上就可以体会一醉千日的感觉。而当今世上大多数人总是沉迷于各种俗事，每天追求的都是名和利，几乎没有一天不是醉在梦乡。爱好名的人对于朝廷的官位是最觊觎的，爱好利的人则每天想着怎么得到更多的财富，爱好富的人则每天都过着有美女、名车、美酒的生活。这世界上有没有一剂清凉的药物，可以让众人变得清醒呢？这是第一章。

[赏析] 如果喝醉了酒，可以给他一粒醒酒药，可是对于那些沉迷于功名利禄的人，我们该给他们"吃"点什么，才能把他们唤醒呢？

1. [原文] 花繁柳密处，拨得开，才是手段；风狂雨急时，立得定，方见脚跟。

[译文] 能在花繁叶茂、柳密如林的复杂环境中保持独立，不被影响，这样的人是真正有手段、有智慧的人；能在狂风暴雨中始终站稳脚跟的人，才是真正的能人。

[赏析] "疾风知劲草，板荡识诚臣。" 只有在恶劣的环境中，才能看出一个人的品行和操守。

2. [原文] 淡泊之守，须从秾艳场中试来；镇定之操，还向纷纭境上勘过。

[译文] 淡泊名利的操守，必须要在骄奢的场地进行试验，才能考验出来；镇定如一的志节，要在喧闹的环境中进行测试，才能得出真相。

[赏析] 未曾经历过"诱惑"，谁也不能说自己能够经受住考验。世间有着各种各样的考验，唯有洁身自好，方能独善其身。

3. [原文] 使人有面前之誉，不若使人无背后之毁；使人有乍交之欢，不若使人无久处之厌。

[译文] 让别人当面表扬我们，不如让别人不在我们背后毁谤我们；让别人在刚认识我们时就有好感，不如让别人在和我们交往久了也感觉不到厌烦。

[赏析] 当面赞美并不代表我们真的很优秀，有人在背后表扬我们才是

真优秀。我们与人交往时，应抱着交一辈子朋友的目的，始终真诚地对待人家。

4. [原文] 议事者身在事外，宜悉利害之情；任事者身居事中，当忘利害之虑。

[译文] 讨论事情的人，是局外人，所以在发表观点之前一定要认真分析其中的利害关系；事情的当事人，如果想要把事情处理好，一定要忘却其中的利害关系。

[赏析] 要想真正全面而又客观地评价一个人或者一件事情，就一定要从事情本身和当事人的角度出发，要考虑到各种各样的利害关系。

5. [原文] 天薄我福，吾厚吾德以迓之；天劳我形，吾逸吾心以补之；天阨我遇，吾亨吾道以通之。

[译文] 上天给我的福分很薄，我修炼自己的品德面对它；命运让我身体受苦，我便以心灵的修养去弥补；命运让我的际遇总是很糟糕，我便让自己的道德更通达些。

[赏析] 人生不如意事十之八九，没有谁的人生是一帆风顺的。关键是怎么面对各种不如意，这其中体现了一个人的学识和修养。

6. [原文] 淡泊之士，必为秾艳者所疑；检饬之人，必为放肆者所忌。事穷势蹙之人，当原其初心；功成行满之士，要观其末路。

[译文] 淡迫名利的人，常常被有钱人猜忌；常常检点自己行为的人，必定被行为放肆的人猜忌。当人到了穷途，我们应看看他的初心是怎样的；功成名就之人，我们要看他是否可以继续保持下去。

[赏析] 任何时候都不要去轻易评价一个人，因为你所能看到的只是他目

前的状况，未来会怎么样呢？谁也不知道。

7. [原文] 好丑心太明，则物不契；贤愚心太明，则人不亲。须是内精明，而外浑厚，使好丑两得其平，贤愚共受其益，才是生成的德量。

[译文] 没有必要把美丑分得太清楚，这样事物的契合度就差了；把人的贤良和愚蠢分得太清，这样就很难与人亲近。我们要把自己的精明藏在内心，待人处世该仁厚，以一致的态度对待别人的美、丑，不管是贤良的人还是愚蠢的人都能得到益处，只有这样，我们才能拥有不凡的气度和优良的德行。

[赏析] 美丑自在人心，不要太过挑剔和世俗，不然我们将会看不惯世上的很多事物。我们要学习太阳的精神，把阳光给名贵的树，也给小草，所谓上天有好生之德，便是这个意思。

8. [原文] 好辩以招尤，不若切默以怡性；广交以延誉，不若索居以自全；厚费以多营，不若省事以守俭；逞能以受妒，不若韬精以示拙。

[译文] 很多人喜欢辩论而引来了别人的怨气和仇恨，倒不如说话谨慎一点；通过多交朋友来获得好名声，倒不如独居以保全自身；花费财富到处张罗，倒不如省吃俭用；很多人因为逞能而被其他人非议，倒不如将才华掩饰起来，不要太露锋芒。

[赏析] 在这个世界上从来不缺少"聪明人"，但真正的"聪明人"却不多，多的都是自作聪明的"聪明人"。而这句话则告诉我们在社会上，尤其是与人交往的过程中要懂得"守愚"。"守愚"就是将炫耀、投机之心彻底清除掉，将所有的虚妄之心，一概摒除，从而追求内心的清净、坦然。这是我们现代人所缺乏的一种脚踏实地的生活态度。

9. [原文] 恩不论多寡，当厄的壶浆，得死力之酬；怨不在浅深，伤心的杯羹，召亡国之祸。

[译文]恩惠不管有多少，当别人有难的时候给他们一些援助，以后也会得到别人的全心回报；累积的怨恨不管深浅如何，就算是伤人一点点，也有可能招来亡国之祸。

[赏析]人有危难时，我们应该拉他一把。恩怨应越早消除越好，时间久了也许就永远无法弥补了。

10. [原文]仕途虽赫奕，常思林下的风味，则权势之念自轻；世途虽纷华，常思泉下的光景，则利欲之心自淡。

[译文]当我们在仕途上春风得意时，要多想想归隐山林的美好时光，那么争夺名利的心思就会减轻很多；我们这一生会经历很多繁华和喧嚣，如果我们多想想死后的样子，那么追求功利的想法就会变淡很多。

[赏析]人的一生中，会有许许多多的诱惑。如何超脱于世，如何摆脱内心的魔鬼，这点非常见功力。

11. [原文]居盈满者，如水之将溢未溢，切忌再加一滴；处危急者，如木之将折未折，切忌再加一搦。

[译文]事业上达到巅峰阶段的人，就如同水快满未满而要溢出来一般，绝对不能再多加一滴了；人处于危急之中，就如同树快断未断一样，绝对不能再加一点力量了。

[赏析]水满则溢，任何事情都有临界点。因此，做什么事情都要把握好度，万不可贪念太大。

12. [原文]情最难久，故多情人必至寡情；性自有常，故任性人终不失性。

[译文] 想把情和爱保持很久是一件难事，很多感情丰富的人反而显得无情寡义；天性都是有常理可循的，因此大多数率性的人永远不会失去他们的天性。

[赏析] 我们在出生时，大多是率性而为的人，可是当社会的诱惑足够多之后，我们的天真和快乐会慢慢打折扣。因此，我们应该远离诱惑，做一个率真的人，快乐才能永远伴随我们。

13. [原文] 喜传语者，不可与语；好议事者，不可图事。

[译文] 喜欢把听到的话到处传说的人，最好少和他讲话；一天到晚喜好议论事情的人，不要和他一起谋划事情。

[赏析] 传话者轻，好议者浅。

14. [原文] 真廉无廉名，立名者所以为贪；大巧无巧术，用术者所以为拙。

[译文] 真正廉洁的人，从来都不曾想要得到一个名声，反而有的追求名望或每天标榜廉洁的人，他们的目的只有一个：贪图名望；不用计谋和方法才是最大的巧妙，想方设法用技巧和心计的人，都显得太笨拙。

[赏析] 大多数用计谋的人，总是处心积虑而失去了真正的快乐，而那些有真才实学的人总是将平凡的事情做得伟大。不要把心思用在歪门邪道上，因为总有一天会"走火入魔"，得不偿失。

15. [原文] 谈山林之乐者，未必真得山林之趣；厌名利之谈者，未必尽忘名利之情。

[译文] 很多人说我想去享受山居生活，但是他们不一定都想从山林中得到快乐；满嘴说讨厌名利的人，他们不一定真的忘却名声和利益。

[赏析] 社会上太多口是心非的人了，他们为了名利二字，可以不择手段。为了满足个人欲望，甚至可以扭曲自己的心灵，说着违心的话。

16. [原文] 贫士肯济人，才是性天中惠泽；闹场能笃学，方为心地上工夫。

[译文] 穷困的人愿意去帮助别人，这才是他们天性中的仁慈和恩泽；在喧嚣的地方依然可以认真地学习，那才是真正心境上的功夫。

[赏析] 助人为乐，是一种发自内心的仁慈。学会摒弃一切打扰，才能真正把书读进去。

17. [原文] 贪得者，身富而心贫；知足者，身贫而心富。居高者，形逸而神劳；处下者，形劳而神逸。

[译文] 那种贪婪的人虽然表面看起来富得流油，可他们精神上十分空乏；知足常乐的人虽然物质上不富裕，但精神上很充实。身居高位的人看起来很闲适，但精神上非常劳顿；普通民众虽然身体很累，但是精神上无比自由。

[赏析] 物质上的富有和精神上的自由，应该并行不悖，缺一不可。这样的人生，才是有趣的人生，才是丰满的人生。

18. [原文] 天欲祸人，必先以微福骄之，要看他会受；天欲福人，必先以微祸儆之，要看他会救。

[译文] 上天想要给一个人降祸，总会先给一点福分，让他慢慢骄傲起来，最终的目标是要看他有没有承受的能力。上天想给一个人降福的时候，总会先给他一些祸事，让他有警醒之心，看看他是否有自救的本事。

[赏析] 我们做人不能太傲慢，这样连上天都不可能降福给我们。当我们

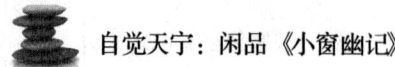

遇到祸事的时候要不惊不慌，才能平稳度过。我们不能预知未来，但能修炼各种本领，这样才能过得泰然自若，不怕福接不住，也不怕祸事处理不了。

19. ［原文］书画受俗子品题，三生浩劫；鼎彝与市人赏鉴，千古异冤。

［译文］书画如果为凡人俗子所把玩，就好像遭受了三生浩劫；珍贵的鼎彝之器如果放在市场上让百姓们观看，就好比千古奇冤。

［赏析］宝贵的东西必须找到识货的人，否则就是浪费，就是暴殄天物。而人也一样，是金子总是会发光的，我们要等待的只是一个机会而已。

20. ［原文］脱颖之才，处囊而后见；绝尘之足，历块以方知。

［译文］有才华的人，如同放在囊中的锥子，总会有出人头地、一鸣惊人的一天；称得上"飞毛腿"的人，只有飞快地跑过才会知晓。

［赏析］不论一个人具备什么样的才华和能力，即使一时被埋没，但只要一直在努力、坚持，不论遇到什么样的困难，都不放弃，并坚定地往前走，那么，这个人终将会凭借自己的才华、技能从人群中脱颖而出，成就自己。

21. ［原文］世人破绽处，多从周旋处见；指摘处，多从爱护处见；艰难处，多从贪恋处见。

［译文］人们行为上的失误，大多数都发生于交际应酬时；人们指责别人，大多数都出于爱护和疼爱的目的；如果我们感觉艰难而不好取舍，多是因贪婪和留恋造成的。

［赏析］很多时候，人们常常在自己熟悉的领域栽跟头。如果心无旁骛，还有什么会让你牵肠挂肚，或耿耿于怀呢？因此，人生一世不能有太多的贪恋，方能活得洒脱。

22. [原文] 凡情留不尽之意，则味深；凡兴留不尽之意，则趣多。

[译文] 感情要留有空间才意味深长，兴致要留余地才有更多乐趣。

[赏析] 万事万物都要留有余地。

23. [原文] 山栖是胜事，稍一萦恋，则亦市朝；书画赏鉴是雅事，稍一贪痴，则亦商贾；诗酒是乐事，稍一徇人，则亦地狱；好客是豁达事，稍一为俗子所挠，则亦苦海。

[译文] 住在山里本是件快乐的事情，如果一味留恋，那跟世俗还有什么区别？纵情书画本是高雅的爱好，如果太过沉迷，那跟商人还有什么区别？与朋友喝酒、作诗是一件乐事，但是天天把这个当成生活，那跟进入地狱有什么不同？做一个热情好客的人本来令人心情舒畅，但是每天都奔走于这样的世俗喧闹的地方，那跟坠入苦海有什么不同？

[赏析] 凡事过犹不及，都应该掌握个度。不能太贪，要懂得满足，不然就很容易改变初衷，流于世俗。

24. [原文] 看中人，在大处不走作；看豪杰，在小处不渗漏。

[译文] 对于常人，只要在大处上不走样儿，合乎规范就可以了；对大人物，则要从小处上看有无不足。

[赏析] 事情可以分大小，但是态度需要一致。以对待大事的态度去对待小事，才能如对待小事一样，游刃有余地对待大事。

25. [原文] 轻财足以聚人，律己足以服人，量宽足以得人，身先足以率人。

[译文] 我们只有不把钱看得太重，周围才能聚集更多的人；我们只有严格要求自己，才可以令人信服；我们只有做一个心胸宽广的人，才有可能得

到别人的帮忙；我们只有凡事身先士卒，身边的人才会服从我们的领导。

[赏析] 榜样的力量是无穷的。要求别人之前，首先自己要做好。否则，我们会底气不足，别人也不愿意真心实意地与你合作，或者接受你的领导。

26. [原文] 从极迷处识迷，则到处醒；将难放怀一放，则万境宽。

[译文] 在最容易令人迷惑之处将迷惑破解，则时时刻刻都是清醒的状态；把最难以割舍的事情放下，那么处处皆是开阔的路。

[赏析] 人生在世，谁能没有迷惑？人生在世，谁能没有牵挂？只是迷惑时清醒的人不多，迷茫时放下的人也不多。

27. [原文] 大事难事，看担当；逆境顺境，看襟度；临喜临怒，看涵养；群行群止，看识见。

[译文] 只有在大事和灾难出现时，才能真正看出一个人的担当；只有当我们身处逆境或者顺境之时，才看得到自己的胸襟是否宽广，气度是否广大；只有我们遇见让我们开心或沮丧的事情之时，才能知道自己到底有多深的涵养和素质；与别人共进退的时候，才能知道别人对某件事情的看法。

[赏析] 烈火才能试出真金来。因此，与人交往时不能为其表面现象所迷惑，而应看看他在各种场合、各种问题面前的态度和言行。

28. [原文] 安详是处事第一法，谦退是保身第一法，涵容是处人第一法，洒脱是养心第一法。

[译文] 处理各种事情的第一方法是稳当平和，想要保护自己的第一方法是谦虚忍让，与别人相处的第一方法是宽容大度，颐养身心的第一方法是闲适洒脱。

[赏析] 能动能静，能进能退，能屈能伸，大丈夫也。

29.［原文］处事最当熟思缓处。熟思则得其情，缓处则得其当。

［译文］我们在做任何事情之前，都应深思熟虑，把所有问题考虑全面、透彻，速度放慢一点，这样才能防止出现偏差。

［赏析］"谋定而后动"，好的开始是成功的一半，万事不可急躁，不能打无准备之仗。

30.［原文］良心在夜气清明之候，真情在箪食豆羹之间。故以我索人，不如使人自反；以我攻人，不如使人自露。

［译文］只有在夜晚心平气和之时，才能看出一个人是否有真心；只有在简朴的生活中，才能检验出一个人的真情。我们没有必要经常要人改正这个改正那个，不如反省和剖析自身；与其一味地攻击别人的不足，倒不如让人家主动承认自己的错误。

［赏析］人要经常反省自己，要扪心自问，是否对得起身边的人，是否对得起自己所做的事。

31.［原文］宁为随世之庸愚，勿为欺世之豪杰。

［译文］宁可做一个顺世而庸碌之人，绝不做那种为了名气而欺世盗名、不择手段之人。

［赏析］将自己的聪明智慧用在正道上，为社会和他人造福，才是真正的豪杰，否则就是欺世盗名之辈。

32.［原文］天下无不好谀之人，故谄之术不穷；世间尽是善毁之辈，故谗之路难塞。

［译文］因为所有人都喜欢被人奉承，所以擅长拍马屁的人永远不会消

失；世上总有一些喜欢攻击和诋毁他人的人，所以很难堵住搬弄是非之人的路。

[赏析] 为人要牢记两点：第一，对他人不毁谤；第二，自己要远离奉承之人、善诽之人。

33. [原文] 清福上帝所吝，而习忙可以销福；清名上帝所忌，而得谤可以销名。

[译文] 上天给我们清闲的日子，如果我们经常忙于工作，就可以减少这种虽然清闲但不善的福分。上天禁忌好的名声，如果受到别人的毁谤，就可以削弱这种名气给我们带来的负担。

[赏析] 盛名之下，其实是一颗疲惫的心和一副劳累的身躯。因此，如果偶尔遭到别人的毁谤，大可以一笑了之。不完美的人，才有属于自己的空间。

34. [原文] 好谈闺阃，及好讥讽者，必为鬼神所忌，非有奇祸，则必有奇穷。

[译文] 总喜欢讨论女人，以及爱讽刺嘲笑别人的人，鬼神会忌讳他们，他们即便不遇到一些灾祸，也必然会穷困。

[赏析] 爱讥讽他人本身就是一种道德水平低下的表现。

35. [原文] 神人之言微，圣人之言简，贤人之言明，众人之言多，小人之言妄。

[译文] 神仙说话微言大义，圣人说话言简意赅，贤人说话十分清楚，老百姓说话喋喋不休，小人说话缺乏依据。

[赏析] 我们说话一定要讲究分寸，什么时候说什么话，见什么人说什么话，都要分清楚，切不可乱说、多说、胡说。

36. [原文] 士君子不能陶镕人，毕竟学问中工力未透。

[译文] 一般很有修养的人都不会去影响别人，重点是学习研究的功力还不够成熟。

[赏析] 把自己修炼好了，才能影响其他人。

37. [原文] 金帛多，只是博得垂死时子孙眼泪少，不知其他，知有争而已；金帛少，只是博得垂死时子孙眼泪多，亦不知其他，知有哀而已。

[译文] 金银和财富多，就是年老的时候，儿子孙子们的眼泪会少一点，他们不知道还有其他的东西，只知道争夺财产；金银和财富少，可以换来子孙多流点眼泪，他们不知道有其他东西，只剩下哀伤。

[赏析] 金钱这东西好奇怪，多了有多了的烦恼，少了有少了的烦恼。

38. [原文] 景不和，无以破昏蒙之气；地不和，无以壮光华之色。

[译文] 如果太阳光不和谐，就没有突破昏暗阴蒙的天气；如果大地不和谐，就无法让阳光的色彩壮丽起来。

[赏析] 万事万物都要讲究"和谐"二字，天时、地利、人和，和最珍贵。

39. [原文] 一念之善，吉神随之；一念之恶，厉鬼随之。知此可以役使鬼神。

[译文] 因为一个善念，吉神会降临我们身边；因为一个恶念，可能会让恶鬼附身。了解这个道理就可以差使神和鬼了。

[赏析] 心存善念、心怀感恩。每个人都是自己的吉神，同时也都是自己的恶鬼。

40. [原文] 眉睫才交，梦里便不能张主；眼光落地，泉下又安得分明。

[译文] 当我们闭上眼睛做梦时，是不能控制自己思想的；当我们的眼光落地时，想到梦境就不能自主，何况死后呢？还能分清楚什么呢？

[赏析] 在生死面前，许多宏达的事物看起来就显得渺小了，有什么东西比生死还大？在生死面前，还有什么是放不下的呢？

41. [原文] 佛只是个了，仙也是个了，圣人了了不知了。不知了了是了了，若知了了便不了。

[译文] 成佛也只是个了悟，成仙也是个了悟，圣人已经醒悟明白而自己不知道自己已经彻悟了，才是真的彻悟，如果知道自己彻悟，那就是并没有真的彻悟。

[赏析] 人就因太聪明了，才会有各种各样的烦恼。只有放下一切欲望，快乐才能伴随我们。

42. [原文] 忧疑杯底弓蛇，双眉且展；得失梦中蕉鹿，两脚空忙。

[译文] 多疑之人常常杯弓蛇影，因此还是把紧皱的双眉舒展开来吧；得而复失的"蕉鹿"，只是空跑了一趟。

[赏析] 人生有很多烦恼，是因多疑、患得患失而起的。把得失看得平淡一些，许多事情顺其自然，也许会活得轻松自在。

43. [原文] 名茶美酒，自有真味。好事者投香物佐之，反以为佳，此与高人韵士误堕尘网中何异。

[译文] 名茶美酒，自有其本身的味道。好事之人常常往其中掺杂一些香料，以为能让味道更美。这与那些所谓的高人隐士误入尘网，又有什么不同呢？

[赏析] 原味最珍贵，很多人自作聪明，反而弄巧成拙。

44. [原文] 善默即是能语，用晦即是处明，混俗即是藏身，安心即是适境。

[译文] 能做到沉默寡言，就是另一种能言善辩；能做到韬光养晦，就是另一种身处光明；将自己融于普通人之中，才是真正的藏身之法；安心踏实，就是真正的适应环境。

[赏析] 世间许多事情都没有明显的界限，因此很多事情就在一念之间。

45. [原文] 居不必无恶邻，会不必无损友，惟在自持者两得之。

[译文] 我们选择住所时，没有必要逃避那些不友善的邻居，参加聚会时也没有必要把不好的友人避开。最重要的是自我把持，坏邻居和损友都有可能让自己学到许多有用的东西。

[赏析] 世上没有十全十美的地方，也没有完人，我们应该从他们身上学到优点，而不是一味地抨击别人的缺点和不足。

46. [原文] 以理听言，则中有主；以道窒欲，则心自清。

[译文] 当我们用理智来辨别听到的话语时，心里就会有主张；当我们以道德修养来摒弃欲望时，心境就会清平如水。

[赏析] 人的内心为什么总是难以平静？因为我们有着各种各样的欲望。而只有道德修养，才能为我们摒弃那些不合理的欲望，还我们以平静的心灵。

47. [原文] 先淡后浓，先疏后亲，先远后近，交友道也。

[译文] 我们结交新的朋友应先从清淡的交情开始，慢慢变为浓郁，应从疏远慢慢变得亲近，应先接触后而成为知心好友，这才是结交好友的良法。

[赏析] 交朋友是一门学问，值得我们每一个人用一辈子的时间去学习和钻研。比如，一个陌生人一上来就表现得与你非常亲热，这或许并不是一件好事，你需要擦亮自己的双眼。

48. [原文] 形骸非亲，何况形骸外之长物；大地亦幻，何况大地内之微尘。

[译文] 我们身体四肢都算不上亲近的，何况身体之外的财、名等物呢；山川河流大多是幻境，更何况像尘土一般的芸芸众生呢。

[赏析] 佛家认为，世间万物包括我们的身体都是虚幻而不真实的，那么其他还有什么可留恋的呢？既然如此，何不修炼自身，认真过好当下的每一天呢？

49. [原文] 童子智少，愈少而愈完；成人智多，愈多而愈散。

[译文] 我们都说小孩的智慧不多，但正是因为他们的知识少，所以智慧才显得很完整；成年人却正好相反，智力发育完备，知识也很多，但智慧都分散了，显得不完整了。

[赏析] 知识多，不代表有智慧。纯真的儿童往往能看到问题的本质。当我们迷茫的时候，不妨多和小孩交流，体会一下那种纯真地看问题的方式。

50. [原文] 无事便思有闲杂念头否，有事便思有粗浮意气否；得意便思有骄矜辞色否，失意便思有怨望情怀否。时时检点得到，从多入少，从有入无，才是学问的真消息。

[译文] 无事之时，我们要反省自己是否有杂念；繁忙之时，我们要问问自己是否有烦躁之心。人生得意之时，要检查自己是否有骄纵傲慢的行为；人生失意之时，要自检是否埋怨现实。只有时刻自省，才能使自己身上的毛

病和缺点越来越少，直至消除。这样才算是了解学问的真谛了。

[赏析] 人要有自我控制、自我调节的能力，能在风雨中看到彩虹，能在寒冷中感受温暖，才算得上真正拥有大智慧。

51. [原文] 笔之用以月计，墨之用以岁计，砚之用以世计。笔最锐，墨次之，砚钝者也。岂非钝者寿而锐者夭耶？笔最动，墨次之，砚静者也。岂非静者寿而动者夭乎？于是得养生焉。以钝为体，以静为用，唯其然是以能永年。

[译文] 毛笔的寿命我们一般用月来计算，墨一般用年来计算，而砚台的使用寿命则以三十年来计算。笔是最尖锐的东西，墨为第二位，只有砚是最钝的。难道是迟钝的东西比尖锐的东西长寿一些？毛笔用得最勤，墨汁次之，砚台基本不动。那岂不是安静的长寿而多动的命短？明白这些，或许就懂得了养生之道。以迟钝为本，始终安静如初，这样才能乐享长寿。

[赏析] 我们在社会上不要太露锋芒，内敛和大智若愚才是聪明人该修的品德。有时候，柔能克刚，上天对每一样事物都是公平的。

52. [原文] 贫贱之人，一无所有，及临命终时，脱一厌字；富贵之人，无所不有，及临命终时，带一恋字。脱一厌字，如释重负；带一恋字，如担枷锁。

[译文] 穷困和低贱之人，什么都没有，他们临死之前，会因对穷困厌倦而觉得死去是一种解脱。而有钱的人在临死之前，往往放不下财富和名利，而对红尘恋恋不舍。因厌倦穷困而得到解脱的人，死亡对他们来说是件轻松的事；而舍不得红尘的人，死亡对他们来说就像是一副巨大的刑具。

[赏析] 死亡很公平，对穷人和有钱人都一样。有人能平静地面对生死，那是因为他们豁达，没有太多欲求；有人很恐惧死亡，那是因为他们牵挂太

多，放不下的东西太多。

53. [原文] 透得名利关，方是小休歇；透得生死关，方是大休歇。

[译文] 将名利看透，轻松地闯过这一关，人生变得豁然开朗，这叫小休息；将生死看明白，理解生死之间的界限，放下一切该放下的，这叫大休息。

[赏析] 如果把一辈子的光阴都放在名利二字之上，那么将错过很多很有意义的事情。如果始终无法从生和死中醒过来，则永远无法活得潇洒，永远背负着巨大的担子。

54. [原文] 讳贫者，死于贫，胜心使之也；讳病者，死于病，畏心蔽之也；讳愚者，死于愚，痴心覆之也。

[译文] 害怕贫穷的人常常死于贫穷，这是因为他们争强好胜；害怕疾病的人常常死于疾病，这是因为他们讳疾忌医；害怕愚蠢的人常常死于愚蠢，这是因为他们被愚蠢的心蒙蔽了双眼。

[赏析] 安贫乐道，即便生活清苦，但是无灾无祸，怡然自得。人不要太过聪明，真正聪明的人，能从平凡的事物中，体验到生活的真谛。

55. [原文] 多躁者，必无沉潜之识；多畏者，必无卓越之见；多欲者，必无慷慨之节；多言者，必无笃实之心；多勇者，必无文学之雅。

[译文] 浮躁之人，必定对事情没有深刻的见解；胆小之人，必定不能拥有不凡的见识；欲望太多的人，气节不可能慷慨；话多的人，一般没有什么真诚的心；太过勇猛的人，大多不懂文学的魅力。

[赏析] 多躁、多畏、多欲、多言、多勇，这些都是我们应该避免的。心平静气、勇敢大方地对待人和事；放下该放下的，不要太过固执；不说不妥的话，不做不妥的事。

56. ［原文］剖去胸中荆棘，以便人我往来，是天下第一快活世界。

［译文］把可能伤人的荆棘摘下来，以平易近人的心胸待人，才是最欢喜之事。

［赏析］打开心扉，朋友自然就多了，有了友情，快乐才能无边。

57. ［原文］书画为柔翰，故开卷张册，贵于从容；文酒为欢场，故对酒论文，忌于寂寞。

［译文］书画是高雅之事，所以打开书本、展开画轴时要从容不迫；喝酒赋诗是快乐之事，所以写的文章要有波澜，而不能平淡无奇。

［赏析］写字画画也好，喝酒作诗也罢，讲究的是一个心境，还有环境。什么环境下做什么事，这很重要。

58. ［原文］密交定有夙缘，非以鸡犬盟也；中断知其缘尽，宁关姜菲间之。

［译文］真正能够密切交往，是因为缘分，而不是因为结下了鸡犬之盟；友情中断了也就是缘分尽了，这其中一定有许许多多的原因。

［赏析］缘分靠的不是歃血为盟，而是心与心的交换。缘分尽了，友情断了，彼此都应该冷静思考其中的原因，而不是一味地责怪对方。

59. ［原文］开口辄生雌黄月旦之言，吾恐微言将绝，捉笔便惊。

［译文］假如我们一张嘴说话就信口雌黄胡乱点评，恐怕就没有人能真正就事论事了。所以我一提起笔来，心里就打战。

［赏析］与人交往，少说大话。说话要分清重点，要就事论事，切忌空谈。

60. [原文] 人不得道，生死老病四字关，谁能透过；独美人名将，老病之状，尤为可怜。

[译文] 如果不能把生命看得透彻，那么，生、老、病、死这四个生命的关卡，又有谁能把它们看透呢？一笑倾城的美女和驰骋沙场的大将，他们老了之后的样子，更让我们觉得可怜和无奈。

[赏析] 英雄末路、美人迟暮，就像人的生老病死一样，都是自然发展的规律，谁也无法阻挡，没有什么可悲可叹的。

61. [原文] 攻取之情化，鱼鸟亦来相亲；悖戾之气销，世途不见可畏。

[译文] 如果你能淡化功利取舍之心，那么鱼和鸟也会与你亲近；如果能够改变自身的暴戾性格，人生路或许就没有什么可畏惧的了。

[赏析] "江山易改，禀性难移"，性格的缺陷很难改正。但是，一旦改正了，它将为你的人生之路扫掉许多障碍。

62. [原文] 能脱俗便是奇，不合污便是清。处巧若拙，处明若晦，处动若静。

[译文] 能超越世俗观念，就是不凡；能不和他人同流合污，就是清高。越是巧妙的事情，就越要用笨拙的方法处理；身居众人瞩目之位，更要韬光养晦；身处动荡之境，更不可慌乱。

[赏析] 只有经得住考验的人，才能担得起重任。

63. [原文] 招客留宾，为欢可喜，未断尘世之扳援；浇花种树，嗜好虽清，亦是道人之魔障。

[译文] 爱好招呼、款待朋友，虽然大家心里高兴，可终究无法切断尘缘

的攀附。喜欢浇花种树，虽然是个高雅的习惯，可终究还是修道的障碍。

[赏析] 仅仅依靠热闹或者外表的装饰，往往只能得到一个空壳。

64. [原文] 人常想病时，则尘心便减；人常想死时，则道念自生。

[译文] 人们想到得病之时，很多尘念空想就会消失；人们想到死亡之时，那些追求天地大道的想法就会萌生。

[赏析] 真实最重要，也最难寻。

65. [原文] 真放肆不在饮酒高歌，假矜持偏于大庭卖弄。看明世事透，自然不重功名；认得当下真，是以常寻乐地。

[译文] 如果我们真正不拘小节，并不一定非得饮酒狂歌；而虚假的矜持在众人面前，反倒显得做作了。把世间之事都看清了，才不会把功利看得太重。我们只要时刻明白什么才是最真实的，就一定能为心灵找到一片安静的栖息之地。

[赏析] 人的一辈子说长不长、说短不短，而这有限的时间应该怎么利用呢？应该去追求那些永恒的、真正有价值的东西。

66. [原文] 人生待足何时足；未老得闲始是闲。

[译文] 一辈子都在追求欲望的满足，那么，什么时候才算是真满足呢？还没有真正老去时，就能够保持清闲的心境，那才算是真实的清闲。

[赏析] 欲望太多，永远没有满足的一天，人也会越来越累。因此，人要学会满足，要懂得知足常乐的道理。

67. [原文] 云烟影里见真身，始悟形骸为桎梏；禽鸟声中闻自性，方知情识是戈矛。

[译文] 世间万物都是浮云，透过这些虚幻的东西看到真实的自己，就会明白原来有形的身体竟然是束缚人的东西。于小鸟的啼鸣中听出自己的天性，就会知道原来感情和偏见是可以用来攻击他人的工具。

[赏析] 人的天性原本是无拘无束的，可是它的外面还包裹着一层躯壳。人们因为太过爱惜躯壳，所以束缚了天性，乃至成了躯壳的奴隶，永远听不到自己心灵的真实声音。

68. [原文] 富贵之家，常有穷亲戚来往，便是忠厚。

[译文] 富贵的人家里，常有穷亲戚来往，这必是忠厚人家。

[赏析] 我们要有感恩之心，切不能只认钱不认人。

69. [原文] 明霞可爱，瞬眼而辄空；流水堪听，过耳而不恋。人能以明霞视美色，则业障自轻；人能以流水听弦歌，则性灵何害？

[译文] 漂亮的云霞很可爱，可是很快就会消失；流水的声音很美，但听完后便不会再去想念。如果我们普通人能像欣赏漂亮的云霞那样，去欣赏身边的美色，那么因色而起的业障就会少了很多；如果我们像听流水声那样平静地倾听弦歌，那么弦歌又怎么可能侵害到我们的性灵呢？

[赏析] "夕阳无限好，只是近黄昏。"人要学着面对失去，要学着接受美好事物的消逝。

70. [原文] 人言天不禁人富贵，而禁人清闲，人自不闲耳。若能随遇而安，不图将来，不追既往，不蔽目前，何不清闲之有？

[译文] 人们常说，老天可以让人富贵发达，却禁止人活得清闲，其实，真相是人自己不愿意闲下来。如果能安于当下，不向未来索取太多，不后悔过去，也不被眼前的事情所蒙蔽，那么你还闲不下来吗？

[赏析] 你总是说自己忙，可你想过怎么样才能闲下来吗？试过吗？

71. [原文] 寒山诗云："有人来骂我，分明了了知。虽然不应对，却是得便宜。"此言宜深玩味。

[译文] 寒山子写过这样的诗句："别人到我面前来骂我，我明明听清楚了，却没有表达过大的反应，因为我已经占了他的便宜了，得到了不少好处。"这话值得我们品味和思考。

[赏析] 别人对我们提意见时，我们首先应该倾听，然后反省，接着辨别，有则改之无则加勉。如果对方言辞激烈，故意刁难，那我们更要心平气和，谁先失去了理智，谁就输了。

72. [原文] 恩爱，吾之仇也；富贵，身之累也。

[译文] 我们最大的仇人是恩情和蜜爱，荣华富贵会拖累我们的身心。

[赏析] 荣华、名利，人生除了这些，就没有其他更有意义的事了吗？

73. [原文] 有誉于前，不若无毁于后；有乐于身，不若无忧于心。

[译文] 让别人当面夸奖自己，倒不如让别人在背后也不诋毁自己；身体舒适，倒不如内心无忧。

[赏析] 当面赞美，可以是真的也可以是假的。因此，只有不在背后诋毁你，才是别人对你最好的尊重。身体也一样，表面的生理健康不是全面的健康，身心健康才是真正的健康。

74. [原文] 拨开世上尘氛，胸中自无火炎冰兢；消却心中鄙吝，眼前时有月到风来。

[译文] 如果放下心中的烦恼，胸中就不会烧起无名之火，也不会如履薄

冰、战战兢兢；消除心中的卑鄙和吝啬，眼前就一定会有清风明月。

[赏析] 名利，是煎熬人心的东西。

75. [原文] 尘缘割断，烦恼从何处安身；世虑潜消，清虚向此中立脚。

[译文] 割断尘缘，烦恼无处安身。消除忧虑，清净自来。

[赏析] 闹中取静，取的是心灵之静。

76. [原文] 炫奇之疾，医以平易；英发之疾，医以深沉；阔大之疾，医以充实。

[译文] 爱把奇特向别人炫耀的毛病，要用简易平和来治疗；爱把才华表现在外面的毛病，要用深刻沉淀来矫正；好大喜功、不肯脚踏实地的毛病，要用充实的内涵来改正。

[赏析] 做人要内敛，将才华藏起来，把心思花在充实自己的内心上。

77. [原文] 贫不足羞，可羞是贫而无志；贱不足恶，可恶是贱而无能；老不足叹，可叹是老而虚生；死不足悲，可悲是死而无补。

[译文] 贫穷不是什么丢人的事，真正丢人的是贫穷而且没有志气；地位卑微并不让人厌恶，真正让人厌恶的是不仅卑微而且无能；即便是年龄大了，那也没有什么好叹息的，真正应该叹息的是虚度光阴、碌碌无为；死亡也没有什么可悲伤的，真正悲伤的是临死时发现自己一辈子对他人毫无益处。

[赏析] 贫贱不可怕，可怕的是没有改变现状的信心和勇气。我们要给他人，要给社会创造价值，否则我们就白来这个世界了。

78. [原文] 世人白昼寐语，苟能寐中作白昼语，可谓常惺惺矣。

[译文] 世间的人们经常会在白天里说梦话，如果他们在梦中可以说些清

醒的话，这些人就可以算得上保持觉醒的状态了。

[赏析] 梦话就没有真实的吗？白天说的话，就没有假的吗？面对人言，我们要有自己的分辨能力。

79. [原文] 观世态之极幻，则浮云转有常情；咀世味之皆空，则流水翻多浓旨。

[译文] 看世间情态变幻无常，而天上的浮云比人情还要有规律；咀嚼世间各种滋味，不如像那淙淙流水，更能表明自己的意志。

[赏析] 世间所有在变化的一切，归根结底其实是人心在变化。

80. [原文] 径路窄处，留一步与人行；滋味浓的，减三分让人嗜。此是涉世一极安乐法。

[译文] 如果道路太窄了，我们要留一步给别人走；如果味道浓烈，我们要减淡三分以适合别人的口味。这是我们处世安乐的最好的方法之一。

[赏析] 给别人留余地，就是给自己留余地。任何事情都不要做得太满，这样我们的路才会越走越宽。

81. [原文] 己情不可纵，当用逆之法制之，其道在一"忍"字；人情不可拂，当用顺之法调之，其道在一"恕"字。

[译文] 不要太放纵自己的情念和欲望，最重要的是要学会"忍"。人的面子不可拂逆，要顺着对方，而自己始终怀着宽容谅解的心情。

[赏析] 万事忍让才能成大器。宽恕别人，才能解放自己。

82. [原文] 昨日之非不可留，留之则根烬复萌，而尘情终累乎理趣；今日之是不可执，执之则渣滓未化，而理趣反转为欲根。

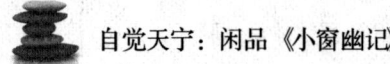

[译文] 以前犯过的错误不能留下一点，否则，已经改正的错误会有可能再次犯，这就是由于俗情而让理想受连带的作用了。今天认可正确的事情不能太固执了，不然就得不到理趣的精髓，反而让理趣变成欲望的苗头。

[赏析] 执念这东西，你得学会取舍，什么时候要，什么时候不要，这很重要。

第二章　情——世间多情，珍惜眼前之人

[原文] 语云，当为情死，不当为情怨。明乎情者，原可死而不可怨者也。虽然，既云情矣，此身已为情有，又何忍死耶？然不死终不透彻耳。韩翊之柳，崔护之花，汉宫之流叶，蜀女之飘梧，令后世有情之人咨嗟想慕，托之语言，寄之歌咏；而奴无昆仑，客无黄衫，知己无押衙，同志无虞侯，则虽盟在海棠，终是陌路萧郎耳。集情第二。

[译文] 有人说：可以为情而死，但不该为情而生怨恨。有关感情之事，本来就是可以替对方去死，不应该有怨恨之心的。当然，话虽这么说，如果两人都在深情中，又怎么忍心去寻死呢？不过，不死好像又表现不了为爱为情的深厚。韩翊的章台之柳，崔护的人面桃花，汉宫的红叶题诗，以及西蜀的梧叶题诗，这些经典的爱情故事都让很多人感慨追慕。我们羡慕这样的爱情故事，有时候会用写作的方式保留下来，或者在唱歌的时候记录下来。当然，我们既没有飞檐走壁的昆仑奴的本事，没有黄衫客的侠义气概，没有古押衙一样的好友，也没有虞侯这样的同道中人，因此，就算用海棠来结誓约，仍旧免不了分别的命运。这是第二章。

[赏析] 多少相思和痴情的人都盼着相聚，都在为长相厮守而默默地努力着。我们更应该珍视眼前的爱人，不轻易说分离。

1. [原文] 几条杨柳，沾来多少啼痕；三叠阳关，唱彻古今离恨。

[译文] 树上迎风飘摆的几根柳枝，上面沾着多少离人的眼泪？唱了很多遍的阳关之歌，唱尽了古今多少人的离愁别绪？

[赏析] 离愁别绪，是古今很多人都无法回避的话题。因此，也有着各种各样的诗文传世。你我皆凡人，除了慨叹离愁别绪，还有什么能做的呢？唯有珍惜在一起的时光，并一起等待下一次重逢。

2. [原文] 世无花月美人，不愿生此世界。

[译文] 世上假如没有风花雪月的浪漫和漂亮的美人，那么，我都不想出生到这个世上来。

[赏析] 追求美，是人之常情，也是我们应该穷尽一生去完成的"事业"。

3. [原文] 罄南山之竹，写意无穷；决东海之波，流情不尽。愁如云而长聚，泪若水以难干。

[译文] 就算把南山的所有竹子都砍光来制作成笔，也写不完心里的话语。就算把东海水全部淌尽，也流不完自己心中的情感。愁思就如同天上的云朵一直聚在一起不散，眼泪就如同水一样一直流却不干涸。

[赏析] 离愁别恨，总是让人无法释怀。

4. [原文] 弄绿绮之琴，焉得文君之听；濡彩毫之笔，难描京兆之眉。瞻云望月，无非凄怆之声；弄柳拈花，尽是销魂之处。

[译文] 拨弄着绿绮的琴弦，但是从哪里去找像卓文君那样能听懂音乐的女孩呢？就算蘸湿彩笔来画眉，可这世上哪里有像张敞那样体贴的男人呢？抬头看看那天上的云朵和月亮，耳朵里面听到的都是那些忧伤的回声；到处折柳摘花，随处都是魂牵梦萦之地。

[赏析] 爱情的最高境界是什么？是高山流水？是举案齐眉？是相敬如宾？当然，如果能做到这些是最好，即便做不到，至少我说的话你能懂，我做的事你能支持，便是最好的爱情。

5. [原文] 枕边梦去心亦去，醒后梦还心不还。

[译文] 一旦我们进入梦乡，心就可以在梦里来到他的旁边；醒来的时候，心却没有随梦返回。

[赏析] 爱情是个奇怪的东西，相守未必愉悦，相离却总是牵肠挂肚。善于经营爱情的人，一定是懂得爱护和妥协的人。

6. [原文] 豆蔻不消心上恨，丁香空结雨中愁。

[译文] 美丽的少女，总是难以消解心中的愁怨。为什么？还不是因为那在雨中忧郁地开着的丁香花？

[赏析] 情窦初开的年龄，是最美的年华。怀着各种各样美丽的心事，连皱眉都是那么好看！因此，我们总愿回忆那段光阴，总愿说起那段往事。

7. [原文] 慈悲筏，济人出相思海；恩爱梯，接人下离恨天。

[译文] 用慈悲做一条小筏，将人渡出那相思而成的爱海；用恩爱做一把梯子，将人接下那布满离愁和怨恨的高空。

[赏析] 相思海太大，太深，会将我们的情感淹没，永远痛苦，不如走

出。而世间唯有慈悲和恩爱，才是最好的工具。

8. [原文] 费长房，缩不尽相思地；女娲氏，补不完离恨天。

[译文] 就算费长房有缩地的本领，他也不可能让世上的相思之人之间的距离变短；女娲可以炼一块五色石补天，可是世界上那些情侣之间的破碎爱情却难以补全。

[赏析] "相见时难别亦难"，自古以来，分分合合伤了多少人的心？情感本无恨，就是因为双方要分离了，所以才相互怨恨。

9. [原文] 黄叶无风自落，秋云不雨长阴。天若有情天亦老，摇摇幽恨难禁。惆怅旧欢如梦，觉来无处追寻。

[译文] 秋天到了，树叶变黄了，即便没有风，它们也会自己飘落下来。秋天的天空即便再晴朗，也会因为总被乌云遮蔽，而显得阴沉沉的。老天如果和人一样有感情，也一定会因为各种各样的烦恼而变得老态龙钟，这种战战兢兢、心中没有着落的感觉，真是叫人无法承受啊！总是喜欢回想以前的美好时光，可那就像梦境一样，只能让人徒增烦恼。梦醒时分，又该到哪里去寻找那些往日的欢愉呢？

[赏析] 天不老，是因为没有人的情感，可人有七情六欲，怎么可能不老？只要陷入情网，你就难逃烦恼的包围。秋天里，我们总是会不经意地想起心中的人儿，这也是秋天既让人喜欢，又让人生厌的原因。

10. [原文] 阮籍邻家少妇有美色，当垆沽酒，籍尝诣饮，醉便卧其侧。隔帘闻堕钗声，而不动念者，此人不痴则慧，我幸在不痴不慧中。

[译文] 阮籍邻居家有一位美丽的少妇，她当垆售酒，阮籍总去畅饮一番，喝醉后就躺在她旁边睡觉。像他这种隔着珠帘听到玉钗落地的声响，而

心里没有任何邪念的人，不是傻瓜就是智慧超群之人，而我既不傻也不聪慧。

[赏析] 阮籍行为怪诞，看起来好像与社会格格不入，其实他才是最清醒之人。"饮食男女人之大欲"，不是非得"坐怀不乱"，而是要有慧根，明白什么可以碰，什么不可以碰。

11. [原文] 吴妖小玉飞作烟，越艳西施化为土。

[译文] 吴王妖冶美艳的女儿小玉，已然化成了飞烟；越国美艳绝伦的西施，也早已经与尘土一体了。

[赏析] "最是人间留不住，朱颜辞镜花辞树。"红颜易老，悲观的人唉声叹气，乐观的人则继续追寻红颜之外的美丽梦想。

12. [原文] 山河绵邈，粉黛若新。椒华承彩，竟虚待月之帘；夸骨埋香，谁作双鸾之雾。

[译文] 山河辽阔，美人们都打扮得十分漂亮。房子装饰得很美丽，珠帘打开了等待着美人进入。美人已入土，谁能结伴一起在天空遨游？

[赏析] 美人的心总是在等待，等待那个真正愿意住进来的人。

13. [原文] 但觉夜深花有露，不知人静月当楼。何郎烛暗谁能咏，韩寿香熏亦任偷。

[译文] 虽然感觉到深夜中的花草上已经落下了露珠，却并不知晓人们都已安睡，而明月正照着楼宇。在昏暗的烛火之中又有谁会吟咏何郎所写的诗？韩寿的异香也尽情任由有情人去偷来作为定情之物。

[赏析] 人生最难懂的唯有一个"情"字。

14. [原文] 当场笑语，尽如形骸外之好人；背地风波，谁是意气中之烈士。

[译文] 当着我们的面总是和人说话欢笑有加，似乎是形骸之外的一个好人。但是他在背地里搬弄是非，这世上哪里有意气风发的刚烈勇士？

[赏析] 人无完人，但我们要尽量往好的方向去努力。

15. [原文] 山翠扑帘，卷不起青葱一片；树阴流径，扫不开芳影几重。

[译文] 整座山的翠绿全部扑入我们的眼帘，可是眼帘却卷不起这一片青葱。树的影子在小径上移动，却扫不开花影几层。

[赏析] 心无旁骛，整个世界便随你遨游。有些东西，只用眼是看不透的。

16. [原文] 蝶憩香风，尚多芳梦；鸟沾红雨，不任娇啼。

[译文] 当蝴蝶还在春风中安静地休息之时，梦境还是遍布芳香和美好的；当鸟的羽毛上沾到了被风吹落的花瓣之时，它们的叫声就会显得很凄惨，叫人不忍心听下去。

[赏析] "此情可待成追忆，只是当时已惘然。"春光易逝，韶华不再，美丽的事物总是转瞬即逝，过好当下，是为了日后不后悔、不怨恨。

17. [原文] 幽情化而石立，怨风结而冢青。千古空闺之感，顿令薄幸惊魂。

[译文] 感情幽深，最后化为了望夫石；愁绪如风，最后变成了坟头的青草。自古以来，女子独守空房的怨恨，足以让每一个七尺男儿胆战心惊。

[赏析] 痴情的女子盼夫回，可是就算成了石头或者死去，爱人还是没有回来。千万不要把感情当儿戏，爱人的泪水会把你淹没。

18. [原文] 缘之所寄，一往而深。故人恩重，来燕子于雕梁；逸士情深，托凫雏于春水。好梦难通，吹散巫山云气；仙缘未合，空探游女珠光。

[译文] 缘分所寄托的是一往情深。如果老友的恩情很重，连燕子都会到梁上去筑窝。逸士情意很深，可以将水中游动的小野鸭托起来。好梦总是难以实现，只能将巫山的烟云全部吹散。男女仙缘未合，就白白去偷看了珠光宝气的汉水神女。

[赏析] 缘分来时挡不住，如果真的遇见有缘人，不要犹豫，这有可能是你一生中唯一的一次机会。

19. [原文] 逶迤洞房，半入宵梦。窈窕闲馆，方增客愁。

[译文] 从容不迫地走入洞房，到了半夜马上就进入了梦乡。漂亮的女子住在闲馆，更增加了客人的离愁。

[赏析] 旅人的愁绪，很多往往是庸人自扰。

20. [原文] 肝胆谁怜，形影自为管、鲍；唇齿相济，天涯孰是穷交。兴言及此，辄欲再广绝交之论，重作署门之句。

[译文] 有谁会去怜悯肝胆相照的人，难道形影相连就以为是管仲和鲍叔牙吗？唇和齿是最亲密的关系，然而，这天下，谁又会和谁成就至深的交情？一时兴起谈论这件事，甚至还想宣传一下绝交的论调，因此，重新写下门上的字句。

[赏析] 或许是因为英雄所见略同，或许是因为臭味相投，总之，一切相交都基于两人的共同点。人是社会的人，谁也不可能孤立存在。因此，我们要走出书斋，去寻一个可以相交一生的挚友。

21. [原文] 燕市之醉泣，楚帐之悲歌，歧路之涕零，穷途之恸哭。每一退念及此，虽在千载以后，亦感慨而兴嗟。

[译文] 燕市上喝醉啜泣，楚军帐中悲歌四起，在歧路上临风洒泪，在穷途末路时大哭歌唱，这些事情总是让我心生很多退意，即使过了几千年，也还想感慨一番，长叹一声。

[赏析] 得意失意，谁也无法逃离，一定要以平常心对待。

22. [原文] 陌上繁华，两岸春风轻柳絮；闺中寂寞，一窗夜雨瘦梨花。芳草归迟，青骢别易，多情成恋，薄命何嗟；要亦人各有心，非关女德善怨。

[译文] 陌上花开，河岸的春风吹拂着柳絮；闺中女子的寂寞愁绪，就像那一夜之间到来的雨一样，把梨花催瘦。骑上马儿是多么简单的事儿啊，但是望断天涯之后，人往往迟迟不归。多情的人，总是对心上人依依不舍，那么为什么又要慨叹自己的命运不好呢？其实，每个人心中都有属于自己的情思，并不是只有女人才是天生的多愁善感。

[赏析] 能勾起我们情思的东西很多，春雨、春风、春花、春柳……关键不在事物，而在人心。谁说只有女子重情？须眉也一样是为情所生。

23. [原文] 初弹如珠后如缕，一声两声落花雨。诉尽平生云水心，尽是春花秋月语。

[译文] 刚刚弹奏时琴声好像珍珠落入玉盘一般，接下来就宛转连绵，不绝如缕，一声，两声，犹如雨落花间一般。琴声诉尽了平生云水一般的心情，都是春花秋月一般的咏物寄情之语。

[赏析] 美，无处不在。发现美，不仅需要慧眼，更需要心情，需要美好的心境。

24. [原文] 春娇满眼睡红绡，掠削云鬟旋妆束。飞上九天歌一声，二十五郎吹管逐。

　　[译文]睡在红绡帐里的美女满眼里尽是娇艳的样子，匆忙用手梳理一下头发，马上又容光焕发了。一声歌曲响彻九天云霄，擅长吹笛子的二十五郎和着美人的歌声。

　　[赏析]寂寞的人在唱歌，无聊的人在吹箫。无聊遇见无聊，或者更无聊，或者会有火花。

　　25.[原文]琵琶新曲，无待石崇；筚篌杂引，非因曹植。

　　[译文]创作琵琶新曲，并不是为了款待石崇。准备好了筚篌杂引，也不是由于曹植的原因。

　　[赏析]人得学着自娱自乐，得找到属于自己的天地。

　　26.[原文]醉把杯酒，可以吞江南吴越之清风；拂剑长啸，可以吸燕赵秦陇之劲气。

　　[译文]喝醉了端起一杯酒，可以有吞入江南吴越的清爽之风；手拿着长剑，对着天大喊一声，可以把燕赵秦陇的豪气全部吸入。

　　[赏析]男儿当自强，应该有一片属于自己的天地，可以豪爽地喝酒，可以豪迈地舞剑。

　　27.[原文]林花翻洒，乍飘飏于兰皋；山禽哢响，时弄声于乔木。

　　[译文]林中的花朵绽放，忽然飞扬在兰草边上。山里有很多鸟鸣哢，时不时地在乔木上弄出一些声音。

　　[赏析]朵朵的野花、声声的鸟鸣，这是森林中最平常的景致，但却是现代人最奢侈的享受。现在很多人要工作、要生存，已经没有了时间去享受生活。可是，不会享受生活的人又如何会工作呢？劳逸结合才是最佳平衡点，

找个时间，远离尘世的喧嚣到户外、森林、远方去走一走，给自己放个假，也许会获得更多的能量，从而更好地工作。

28.［原文］那忍重看娃鬓绿，终期一遇客衫黄。

［译文］如何忍心在镜子前，不断地看着自己美丽的脸和黑色的长发？只空想着能像霍小玉那样，逢着一个黄衫客，把那负心汉带回来。

［赏析］爱，已经走远，又何必挽留？相见，有时候真的不如不见。

29.［原文］薄雾几层推月出，好山无数渡江来；轮将秋动虫先觉，换得更深鸟越催。

［译文］几层薄雾慢慢地把月亮推出来了，很多美丽的山峰仿佛要在夜色里渡江而来。虫子是最先知道秋天已经到来的。换来的却是半夜三更，鸟儿叫得越来越急了。

［赏析］夜色朦胧，能听见自己的心跳声。这时候，你应该扪心自问一下：这一天我做了些什么有意义的事儿？又浪费了多少光阴？

30.［原文］樯标远汉，昔时鲁氏之戈；帆影寒沙，此夜姜家之被。

［译文］军中的旌旗已离开了中原，希望得到昔日鲁阳公的戈以力挽狂澜。帆影之中寂寞的沙漠，这一夜，姜家之被很暖和。

［赏析］袍泽之情，人间大爱。那是经历了生死的互助，值得一辈子珍藏。

31.［原文］填愁不满吴娃井，剪纸空题蜀女祠。

［译文］即便是用江南女子照影的水井，也无法装下愁思，一张张的剪纸白白地贴在了蜀女祠堂里。

[赏析] 谁人无愁？如果你愁的是明天，那么你的明天或许会更好；如果你愁的是昨天，那么你的明天会比昨天更糟糕。谁人无情？只要你的感情没有付诸东流，就是值得的。

32. [原文] 良缘易合，红叶亦可为媒；知己难投，白璧未能获主。

[译文] 如果姻缘好，就很容易结合，即便是一片不起眼的红叶，也可以当作媒人；如果面对着知己却不投缘，那就是怀抱着白玉，也找不到懂它的人。

[赏析] “酒逢知己千杯少，话不投机半句多。”如果遇上了知己，请一定珍惜，请一定拿出你的真心。

33. [原文] 填平湘岸都栽竹，截住巫山不放云。

[译文] 应该把湘江的两岸全部填满土，全部种上湘妃竹；更要把巫山的云都截下来，永不让它们飘走。

[赏析] 爱情里的人，都是傻瓜。这话不假。不过，这样的假话，又透着一层可爱。想要留住爱情，想要留住情人，这无可厚非，可真正要留住的应该是你至纯至善的感情。

34. [原文] 有魂落红叶，无骨锁青鬟。

[译文] 有心思和想法的人连红叶都可以拿来做媒，无骨气的却只能让青春锁在心中。

[赏析] 爱，有时候需要你自己主动去追，等来的幸福，有时候显得很不真实。

35. [原文] 书题蜀纸愁难浣，雨歇巴山话亦陈。

[译文] 就算把字写在再好的纸张上面，也难以把忧愁全部带走。巴山的雨都停了，说过的话也陈旧了。

[赏析] 你可以把你的心事告诉别人，但是最终想办法解决的人，只能是你自己。

36. [原文] 盈盈相隔愁追随，谁为解语来香帷。

[译文] 满河的清水隔着很远，我们的愁思就跟着河水漂走；谁能为了解开心中的愁思，来到香帷帐的前面？

[赏析] 人离开了，忧愁也跟着被带走了。因此，离别之后，连之前的忧愁都是那么值得回味。

37. [原文] 欲与梅花斗宝妆，先开娇艳逼寒香。只愁冰骨藏珠屋，不似红衣待玉郎。

[译文] 很想和梅花比一下谁的妆更漂亮，开得早的花朵娇艳着发出逼人的香气。只是忧愁美女藏身在美丽的房间里，不能像别的女子那样招呼心爱的郎君。

[赏析] 把美丽锁在闺房里，孤芳自赏，如何对得起大好春光？

38. [原文] 听风声以兴思，闻鹤唳以动怀。企庄生之逍遥，慕尚子之清旷。

[译文] 一听到风的声音就能心驰神往，一听到鹤的叫声就心有所动。很想像庄子那样过着逍遥自在的生活，也羡慕像尚子一样的旷达。

[赏析] 人人都想逍遥，只是世上的牵挂太多。

39. [原文] 灯结细花成穗落，泪题愁字带痕红。

[译文] 灯芯烧久了就会结成一个个细花，变成像穗一样的东西落下，用泪水写成的愁字还有泣血的泪痕。

[赏析] 女人爱发愁，这是上天赋予她们的权利。

40. [原文] 无端饮却相思水，不信相思想杀人。

[译文] 无缘无故地喝下了一些相思之水，心里却不相信这相思水可以让人想念一个人到要死的地步。

[赏析] 相思的力量是很奇妙，很巨大的，或催人向上，或使人沉沦。

41. [原文] 渔舟唱晚，响穷彭蠡之滨；雁阵惊寒，声断衡阳之浦。

[译文] 渔舟上的人唱歌唱到很晚，唱响了整个鄱阳湖畔。大雁发出一声声惊叫，声音在衡阳的岸边慢慢消逝。

[赏析] 人生也好像大雁一样，去远方，归来，如此循环。

42. [原文] 爽籁发而清风生，纤歌凝而白云遏。

[译文] 箫管的声音在风里悠扬飘走，曲声很高，仿佛飘散在云朵上一样。

[赏析] 有时候，我们应该让生活节奏慢下来。

第三章　峭——学会担当，更要学会放下

[原文] 今天下皆妇人矣！封疆缩其地，而中庭之歌舞犹喧；战血枯其人，而满座之貂蝉自若。我辈书生，既无诛乱讨贼之柄，而一片报国之忱，惟于寸楮尺字间见之；使天下之须眉而妇人者，亦耸然有起色。集峭第三。

[译文] 看当今天下还有哪些男人可以称得上是大丈夫？眼看着国家的领土逐渐沦丧，他们却在厅堂里歌舞升平；战场上的将士血都快流干了，而这跟满朝的官员和美人都好像没有任何关系一样。像我们这样的读书之人，没有评判讨逆的权柄，只能将报国的一片赤忱写进文字里面，让那些枉为男子汉的人能够有点触动而去做一点改变。这是第三章。

[赏析] "商女不知亡国恨，隔江犹唱后庭花。"作为社会的中坚力量、中流砥柱的男人，如果一味沉迷于歌舞，醉生梦死，那么这个国家还能有什么希望？因此，"天下兴亡，匹夫有责"，我们不应当仅仅挂在嘴边，而是要付诸实践的。

1. [原文] 放得俗人心下，方可为丈夫。放得丈夫心下，方名为仙佛。放得仙佛心下，方名为得道。

[译文] 只有将世俗的凡心放下，才能变成真正的大丈夫。只有放下做大丈夫的心志，才能成为仙佛。只有放下成仙佛的心念，才能悟到宇宙的真正奥秘。

[赏析] 欲望可以有，但是不能太多，不能太杂。因为身外之物多了，你的心装不下。

2. [原文] 宁为真士夫，不为假道学。宁为兰摧玉折，不作萧敷艾荣。

[译文] 宁可当一名真实的读书人，也绝不做一个伪装有道德的人。宁可如同兰草被摧残，如同美玉被粉碎，也不像贱草萧艾那样繁盛。

[赏析] 我们在追求真善美的路上，会遇到各种各样的诱惑，我们每个人心里都应有一个底线，明白什么能做，什么不能做。

3. [原文] 身世浮名，余以梦蝶视之，断不受肉眼相看。

[译文] 人这一生的虚名，我们应该像对待庄子梦蝶一样，而不该用世俗的眼光去看。

[赏析] 虚名如梦，因此我们应该做到"不以物喜，不以己悲"。

4. [原文] 少言语以当贵，多著述以当富，载清名以当车，咀英华以当肉。

［译文］人以言少为贵，以多著书立说为富；将清名当作车驾，把美好的文章当作酒肉。

［赏析］人要学会拒绝热闹，学会珍惜自己的清名。

5. ［原文］一失脚为千古恨，再回头是百年人。

［译文］一不小心犯下错误，可能会成为毕生的遗憾，等到自己发现再后悔时，却已经时过境迁，不可挽回了。

［赏析］世上没有后悔药，做任何事情之前都要同时做好承担责任的准备。

6. ［原文］平民种德施惠，是无位之公卿；仕夫贪财好货，乃有爵的乞丐。

［译文］假如普通的老百姓可以多行善事，布施恩泽，即使没有官位，其心有如公卿。高居官位的人如果只顾着贪污，便如一个有官位的乞丐。

［赏析］社会有分工，工作不区分高贵与否。看一个人的价值，不是看他得到了多少，而应该看他创造了多少，奉献了多少。

7. ［原文］烦恼场空，身住清凉世界；营求念绝，心归自在乾坤。

［译文］看破烦恼，我们就能住在一个清凉的世界里；断绝各种求取的念头，我们的心才能获得自由。

［赏析］烦恼和欲望伴随着我们的人生，既然甩不掉，我们何不笑看？

8. ［原文］觑破兴衰究竟，人我得失冰消；阅尽寂寞繁华，豪杰心肠灰冷。

［译文］看透了兴衰荣辱，得失之心就会如冰块一样消融；看尽世间繁华

与寂寞，你那想要成为豪杰的心，也会变得冷却。

[赏析] 世间没有什么是永不消亡的，既然如此，我们又为何总对名利心向往之呢？

9. [原文] 穷通之境未遭，主持之局已定；老病之势未催，生死之关先破。求之今人，谁堪语此？

[译文] 没有过贫困或显达的境遇，就已确定自己的人生方向；年岁不大，便看透生老病死。如今，还有这样的人吗？

[赏析] 人的眼光应该有前瞻性，不是什么事情都要去亲身实践的。

10. [原文] 枝头秋叶，将落犹然恋树；檐前野鸟，除死方得离笼。人之处世，可怜如此。

[译文] 秋叶将落，却依然眷恋着枝头；屋檐下的野鸟，除非死去，否则不可能离开自己的窝。人生在世，每一个人都跟这秋叶、野鸟一样可怜。

[赏析] 心中、眼里太多留恋，便无法真正做到豁达。

11. [原文] 士人有百折不回之真心，才有万变不穷之妙用。

[译文] 拥有百折不挠的坚强意志，才能拥有应对自如的能力。

[赏析] "不经风雨，怎能见彩虹？"我们要始终相信：一切风雨，都是为了磨炼意志。

12. [原文] 立业建功，事事要从实地着脚，若少慕声闻，便成伪果；讲道修德，念念要从虚处立基，若稍计功效，便落尘情。

[译文] 要想建功立业，就得脚踏实地地做好每一件事；只要有一点点追求虚名的想法，就会坠入华而不实的深渊。我们讲道理，养德行，就要时刻

从安身立命着手，只要有一点急功近利的想法，就会落入俗世的圈套。

[赏析] 有很多人拼命表现，是为了做给别人看。这又是何必呢？在他人看来，只不过是可怜的小丑。

13. [原文] 执拗者福轻，而圆融之人其禄必厚；操切者寿夭，而宽厚之士其年必长。故君子不言命，养性即所以立命；亦不言天，尽人自可以回天。

[译文] 性格固执的人福气少，性格随和的人福气多。急躁的人性命不长，宽容大度则乐享长寿。因此，有气度的君子不讨论寿命，他们讲究的是修养良好的心性，才能安身立命；同时他们不会在意"天意"二字，总是相信人定胜天。

[赏析] "性格决定命运"，这句话是有道理的。如果只把心思放在追名逐利上，你还有时间关心自己吗？

14. [原文] 苍蝇附骥，捷则捷矣，难辞处后之羞；茑萝依松，高则高矣，未免仰攀之耻。所以君子宁以风霜自挟，毋为鱼鸟亲人。

[译文] 苍蝇依附到马的尾巴上，速度十分快，但是难以去除附在马屁股上的羞愧。茑萝围绕着松树向上生长，可以爬到很高的地方，可免不了攀附依赖的耻辱。因此，君子应该站在风霜中显出自己的骨气，而不能如同缸里的鱼和笼里的鸟一样去附着他人。

[赏析] 独立，有自己的想法，为自己的行为负责任，这是人成长的重要标志之一。

15. [原文] 宇宙内事，要力担当，又要善摆脱。不担当，则无经世之事业；不摆脱，则无出世之襟期。

[译文] 世间的所有事，我们既要做到有担当精神，同时又要擅长去摆脱

牵绊。如果我们没有担当，就不可能改善世上的事业；如果我们不善于摆脱牵绊，就不可能有超世的胸怀。

[赏析] 做人做事，要拿得起放得下，不要被名利牵着鼻子走。

16. [原文] 无事如有事时提防，可以弭意外之变；有事如无事时镇定，可以销局中之危。

[译文] 在平安无事时，要有所预防，好像随时都会发生事情一般，这样才能消弭意外发生的变化。在发生危机时，要保持镇定的态度，好像没有发生事情一样，才能化险为夷。

[赏析] 和平的环境、混乱的局面，都可以看出一个人内心的素质和修养。

17. [原文] 斜阳树下，闲随老衲清谈；深雪堂中，戏与骚人白战。

[译文] 夕阳西下，与老和尚对坐清谈；大雪纷飞，与文人骚客作近体诗取乐。

[赏析] 俗或雅其实没有明确的界限，关键要看场合，看对象。

18. [原文] 心为形役，尘世马牛；身被名牵，樊笼鸡鹜。

[译文] 如果人心受到身体的驱使，那就跟尘世中的牛和马一样；如果身心受到了名利的约束，那就跟困在鸟笼中的鸡鸭一样。

[赏析] 何为自由？能随时听从自己的心灵，不是想干什么就干什么，而是不想干什么就可以不干什么。

19. [原文] 人不通古今，襟裾马牛；士不晓廉耻，衣冠狗彘。

[译文] 假如一个人不明白古今这样变幻的道理，就好像无知的牛马穿着衣服；读书人倘若不知道廉耻，那和戴着帽子、穿着衣服的狗猪有什么区别？

[赏析] 人不一定都要成伟人、圣人，但是可以尽自己的力量做到最好。

20. [原文] 种两顷负郭田，量晴校雨；寻几个知心友，弄月嘲风。

[译文] 闲的时候到郊外种上几亩农田，可以关注晴雨变化、气候的变幻；多结交一些知心好友，一起看明月、赏清风，共读好文章。

[赏析] 如果压力大，你得学着自己给自己放假，要学会放松身心。

21. [原文] 荷钱榆荚，飞来都作青蚨；柔玉温香，观想可成白骨。

[译文] 荷叶和榆荚，就是我囊中的金钱。最漂亮的美女，仔细想一想，也不过是一堆白骨。

[赏析] 金钱和美女都是过眼云烟，总会消逝，人生应该有一些永恒的追求。

22. [原文] 今古文章，只在苏东坡鼻端定优劣；一时人品，却从阮嗣宗眼内别雌黄。

[译文] 古往今来很多文章，只有用苏东坡的鼻子闻一下，才可知文章好坏；一段时间的人品，必须用阮籍的眼睛，才能识别。

[赏析] 古人识文识人多依据名人的评鉴，但是在当今社会，判断文章好坏的则是大众。人品也好，文品也罢，大家说好才是真的好。

23. [原文] 诗思在灞陵桥上，微吟处，林岫便已浩然；野趣在镜湖曲边，独往时，山川自相映发。

[译文] 在灞陵桥上思考诗句，轻轻吟诵之时，山林之中便有了一种浩然之气。在平静的湖面充满野趣，一个人去观察之时，山头和河流相互映照，十分漂亮。

［赏析］诗情画意，不是书斋里造出来的，而是自然和天性赋予的。

24.［原文］秋露如珠，秋月如珪；明月白露，光阴往来；与子之别，思心徘徊。

［译文］秋天的露水如同珠子一般，秋天的月亮就如同玉圭一样。明月和露水，光阴照着固定的规律又来到。跟你分别，心里十分矛盾。

［赏析］笑看离别，笑看光阴流逝。

25.［原文］声应气求之夫，决不在于寻行数墨之士；风行水上之文，决不在于一字一句之奇。

［译文］趣味相投的好友，不需要通过文字才能互相了解；浑然天成的文章，不需要一字一句的奇崛。

［赏析］好友则心灵相通，文顺才能读来舒服。

26.［原文］云气荫于丛薯，金精养于秋菊。落叶半床，狂花满屋。

［译文］在云气的荫护下，有很多薯草长得很茂盛，秋天的精华就涵养在菊花之中。半张床上都铺满了落叶，忽然起了一阵风，整个屋子都是花瓣。

［赏析］秋天有一种与春天截然不同的美。

27.［原文］举黄花而乘月艳，笼黛叶而卷云娇。

［译文］手中高举着黄花，借着明亮的月色，将鲜艳的花朵插在头上；用手拢一下乌黑的头发，绾起像云朵一样高高耸起的发髻。

［赏析］精心打扮一番，只是为了见见心上人。

28.［原文］任他极有见识，看得假认不得真；随你极有聪明，卖得巧藏不得拙。

[译文] 不管他多么有见解，也会经常看不清真相；不论你有多聪明，也常常藏不住自己的笨拙。

[赏析] 知识和聪慧，可以通过学习不断增强；可人的悟性、慧根，是需要磨炼和实践的。

29. [原文] 伤心之事，即懦夫亦动怒发；快心之举，虽愁人亦开笑颜。

[译文] 令人伤心的事情，就算是平时胆小懦弱的人也会怒发冲冠。令人快乐的事情，就算是平时生活愁苦的人也会摆出笑脸。

[赏析] 喜怒哀乐是人之常情，不要轻易触及别人的底线。

30. [原文] 论官府不如论帝王，以佐史臣之不逮；谈闺阃不如谈艳丽，以补风人之见遗。

[译文] 讨论官府的事情不如讨论皇帝，这样可以补充史官们的遗漏；谈论女子内室的事情，不如讨论她们的美丽，这样可以增加采风诗人所漏掉的细节。

[赏析] 古今多少事，都付笑谈中。

31. [原文] 是技皆可成名天下，唯无技之人最苦；片技即足自立天下，唯多技之人最劳。

[译文] 只要有一门技术，就可以在世上建立自己的名声，唯有那些没有一技之长的人才最苦。只要专于一门技术就行了，那些精通多门技术的人才最劳累。

[赏析] 艺多压身，因为人的精力总是有限的，一辈子能专于一件事情就不错了。

32. ［原文］傲骨、侠骨、媚骨，即枯骨可致千金；冷语、隽语、韵语，即片语亦重九鼎。

［译文］一个人要有傲骨、侠骨、媚骨，就算死后变成枯骨也可以价值千金；说冷静的、隽永的、有味道的话，就算是只字片语也可以重达九鼎。

［赏析］有情义的人，死后也会得到尊重。智慧之语，分量很重。

33. ［原文］风流易荡，佯狂近颠。

［译文］风流之人容易变得浪荡，假装疯狂是发癫的前奏。

［赏析］风流过头就是淫荡，而不是潇洒。

34. ［原文］瑶草与芳兰而并茂，苍松齐古柏以增龄。

［译文］瑶草和芳兰一起都长得很茂盛，苍松和古柏都可以增寿。

［赏析］我们的心思如果像松树一样，心态好，自然可以长寿。

第四章　灵——要学会经营自己的天和地

[原文] 天下有一言之微，而千古如新，一字之义，而百世如见者，安可泯灭之？故风雷雨露，天之灵；山川民物，地之灵；语言文字，人之灵。毕三才之用，无非一灵以神其间，而又何可泯灭之？集灵第四。

[译文] 天下有那么一句很微妙的话，流传千古之后，现在听来感觉还有它的新意。那么，这个字的意义，就算过了几百年再读，还如同亲眼看过一样真实。如同这些，怎么可能让它们消失呢？风雷雨露是上天的灵气，山川民物是大地的灵气，语言文字则是人的灵气。当我们认真观察天、地、人三才所呈现出来的各种现象和特点，无非就是灵让它们变得很神妙，我们怎么可以让灵性消亡呢？这是第四章。

[赏析] 灵，是万物神韵之所在。天、地、人离开了灵，便只是废气、废土和躯壳。

1. [原文] 眼里无点灰尘，方可读书千卷；胸中没些渣滓，才能处世一番。

[译文] 眼里没有成见，才可以读进千卷书；胸中没有任何龌龊，待人处事才会通融。

[赏析] 读书才能明理，读书才会做人。

2. [原文] 眉上几分愁，且去观棋酌酒；心中多少乐，只来种竹浇花。

[译文] 眉头有几分忧愁时，不如去观看他人下棋或者小酌几杯。人的快乐，很多都来自于种竹浇花。

[赏析] 换一种思路，可以让人生更多精彩。

3. [原文] 好香用以熏德，好纸用以垂世，好笔用以生花，好墨用以焕彩，好茶用以涤烦，好酒用以消忧。

[译文] 好香用于熏陶自身的性情和品德，好纸用来创作留世的作品，好笔用来写完美的文章，好墨用来画美丽的图画，好茶用来去除烦忧，好酒用来消除烦心事。

[赏析] 物尽其用，才能发挥物品的功效。

4. [原文] 声色娱情，何若净几明窗一坐息顷；利荣驰念，何若名山胜景一登临时。

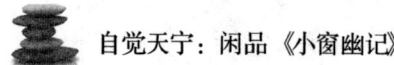

[译文] 纵情声色，不如在窗明几净的环境中，放松自己的心灵。为荣华富贵而奔波，不如遍访名山胜景。

[赏析] 除了享受生活之外，我们还可以去看看别人的世界。

5. [原文] 胸中有灵丹一粒，方能点化俗情，摆脱世故。

[译文] 胸中要有一颗宁静的心，方可将世俗的情感去除，摆脱人情世故的烦恼。

[赏析] 保持心灵的健康，才能不被世俗所累。

6. [原文] 无端妖冶，终成泉下骷髅；有分功名，自是梦中蝴蝶。

[译文] 不管如何妖艳，终究会成为九泉之下的白骨；不管有什么样的功名，终究如梦中之蝶，虚无缥缈。

[赏析] 外表、名利，这些只能满足一时，真正永恒的东西都在你自己的心中。

7. [原文] 累月独处，一室萧条；取云霞为伴侣，引青松为心知。或稚子老翁，闲中来过，浊酒一壶，蹲鸱一盂，相共开笑口，所谈浮生闲话，绝不及市朝。客去关门，了无报谢，如是毕余生足矣。

[译文] 好几个月都在冷清的小屋里独居，浮云和彩霞陪我，把青松当成知己。闲的时候有老人带着小孩来玩，我便以一壶酒、一盘大芋招待他们，大家一起聊家常，不说名利世俗之事；聊完了就回去，也不用送客。如果这样过一生，我也知足了。

[赏析] 轰轰烈烈，并不是每个人都能做到；平平淡淡，却是你我都能享受的。

8.［原文］茅檐外，忽闻犬吠鸡鸣，恍似云中世界；竹窗下，唯有蝉吟鹊噪，方知静里乾坤。

［译文］茅屋外，传来几声鸡鸣狗吠，让人觉得好像远离尘世。竹窗下的蝉鸣鹊唱，令人感觉到静中的天地如此之大。

［赏析］此时无声胜有声。我们要学会独处，学会品味孤独。

9.［原文］山泽未必有异士，异士未必在山泽。

［译文］深山和水边，不一定藏着奇人异士，奇人异士不一定住在那些地方。

［赏析］环境固然重要，可最关键的还在于你的心住在哪儿。

10.［原文］业净六根成慧眼，身无一物到茅庵。

［译文］只有六根清净，才能拥有看透世间一切的智慧之眼。身无一物，住在茅草屋里修行。

［赏析］牵绊你的生命的东西有很多，什么才是最重要的，关于这点可谓仁者见仁智者见智。

11.［原文］人生莫如闲，太闲反生恶业；人生莫如清，太清反类俗情。

［译文］人生没有什么比清闲更好的生活了，只是太闲了反而会做出一些坏事来；人生没有什么比清高更妙的了，只是太过清高反而显得做作。

［赏析］凡事要适可而止，掌握好一个度。

12.［原文］读史要耐讹字，正如登山耐仄路，踏雪耐危桥，闲居耐俗汉，看花耐恶酒，此方得力。

［译文］阅读史书时要忍耐错字，就像登山时要忍耐小路，踏雪时要忍耐

危桥，闲居时要忍耐俗人，赏花时要忍耐劣酒一样。只有这样，我们才能真正读懂史书。

[赏析] 面对前人留下的东西时，我们要设身处地去理解和宽容前人。

13. [原文] 无事而忧，对景不乐，即自家亦不知是何缘故，这便是一座活地狱，更说甚么铜床铁柱，剑树刀山也。

[译文] 没什么事却烦恼多多，面对美丽的景色却快乐不起来，连自己也说不上为什么，这就如同生活在地狱，更别提那些热铜床、烧铁柱以及刀山、剑树了。

[赏析] 无端忧愁，就是自己设的地狱。如何走出自己的地狱，只有你自己能帮助自己。

14. [原文] 烦恼之场，何种不有，以法眼照之，奚啻蝎蹈空花。

[译文] 世间有各种各样的烦恼，但是如果用法眼来看，这些都如蝎子附在虚幻的花上一样。

[赏析] 我们普通人总是喜欢自寻烦恼，庸人自扰之。

15. [原文] 上高山，入深林，穷回溪，幽泉怪石，无远不到；到则披草而坐，倾壶而醉；醉则更相枕以卧，卧而梦。意有所极，梦亦同趣。

[译文] 登高山，入深林，顺着弯弯曲曲的溪流，走在怪石嶙峋的小路上，不管多远，我们都能走到。到了之后，坐在青草地上，尽情地喝酒。醉了，就枕在对方的身体上休息，很快就进入梦乡。心情欢畅，连做梦时的情趣都一样。

[赏析] 亲近大自然，其实就是亲近自己的心灵。

16.［原文］闭门阅佛书，开门接佳客，出门寻山水，此人生三乐。

［译文］关上门来看佛经，打开门迎接好友，出门寻找美好的山水，这是人生三大乐事。

［赏析］多读书、交友、旅游，也是当代人放松心灵的妙招。

17.［原文］不作风波于世上，自无冰炭到胸中。

［译文］不要因为世上的种种而兴风作浪，就不会时如寒冰，时如火炭。

［赏析］欲望太多，就有可能失望也多。淡定看成败，也许失败也变得不那么彻底了。

18.［原文］破除烦恼，二更山寺木鱼声；见彻性灵，一点云堂优钵影。

［译文］想要去除烦恼，只需在二更时听听山中寺庙的木鱼声；想要领悟人性智慧，只需看看佛堂中的莲花即可。

［赏析］心中有禅，世界自然安静如初。

19.［原文］兴来醉倒落花前，天地即为衾枕；机息坐忘盘石上，古今尽属蜉蝣。

［译文］雅兴来了，醉倒在花落之前，以天为被，以地为枕；放下一切，躺在大石头上看看天空，你会发现古今多少事都如蚍蜉一般短暂。

［赏析］蜉蝣朝生暮死，历史长河中的人也一样。

20.［原文］完得心上之本来，方可言了心；尽得世间之常道，才堪论出世。

［译文］只有看清了自身的真面目，才算得上理解了心的本体；能看透世间不变的道理，才有资格讨论出世。

[赏析] 认清自己，很难。不过，只要对自己有十二分的认知，那么世界又何在话下？

21. [原文] 人有一字不识，而多诗意；一偈不参，而多禅意；一勺不濡，而多酒意；一石不晓，而多画意。淡宕故也。

[译文] 有的人大字不识一个，却很有诗情；一句佛语都不明白，却很有禅意；滴酒不沾，却酒趣很浓；一块石头也不会欣赏，却胸怀画意。这就是由于他淡泊名利、毫无约束的缘故。

[赏析] 智慧有时候与文化程度无关，修身的同时也要养性。

22. [原文] 必出世者，方能入世，不则世缘易堕；必入世者，方能出世，不则空趣难持。

[译文] 一定要有出世的胸怀，才能入世；不然，会受到各种欲望的阻碍，人也变得堕落。一定要深入世间，才算真的出世，否则就不能长期维持空的境界。

[赏析] 用智慧看待世事，去除外界诱惑，才能出世。

23. [原文] 调性之法，急则佩韦，缓则佩弦；谐情之法，水则从舟，陆则从车。

[译文] 调整性情的方式，急性子的人会把熟牛皮戴在身上，告诫自身不可太急躁；慢性子的人就把弓弦带在身上，警醒自己积极做事。调适性情的技巧，就如同在水上乘船，在地上坐车一样适才适性。

[赏析] 性格决定成败，你所有享受和遭遇的一切，都与之有关。

24. [原文] 才人之行多放，当以正敛之；正人之行多板，当以趣通之。

[译文] 很多有才华的人做事喜欢我行我素，不受别人的束缚，所以应该用正直来让他们变得收敛一点。太过正直的人大部分不懂得变通，就应该用趣味使他们的性情变得更融通。

[赏析] 有才华必须收敛，才不会遭人妒忌。正直的人要学会灵活，不要太死板。

25. [原文] 从江干溪畔，箕踞石上，听水声浩浩潺潺，粼粼泠泠，恰似一部天然之乐韵，疑有湘灵在水中鼓瑟也。

[译文] 盘着双腿坐在江边和溪边的石头上，听着水声，有时声势很大，有时轻声细语，如同大自然在唱歌一样，这让我疑惑是否有湘水的女神，在水里弹她的瑟。

[赏析] 你多久没有走近自然了？多久没有和自己说说话了？

26. [原文] 鸟啼花落，欣然有会于心。遣小奴，挈瘿樽，酤白酒，醋一梨花瓷盏；急取诗卷，快读一过以咽之，萧然不知其在尘埃间也。

[译文] 听到鸟啼，见到花落，心中有所领悟而感到十分欢喜，立刻叫小童去买白酒，以梨花酒杯饮下一杯，并马上取来诗卷迅速读过，当作下酒的美味，这时胸中清爽快意，仿佛不在人间。

[赏析] 读书做事，心情、情绪很重要。

27. [原文] 闭门即是深山，读书随处净土。

[译文] 把门关上，就如同在深山居住一般。能读书，到处都是净土。

[赏析] 环境有时候能决定事情的最终走向，因此，万不可轻视环境的作用。

28. ［原文］欲见圣人气象，须于自己胸中洁净时观之。

［译文］如果想悟到圣人的气概，必须在自己的心中没有灰尘的时候观察才能明白。

［赏析］心灵洁净，才能离圣人更近一步。

29. ［原文］士君子尽心利济，使海内少他不得，则天亦自然少他不得，即此便是立命。

［译文］有道德的人，尽自己的能力去帮助他人，别人就觉得离不开他。这样，上天也会需要他，他也就找到了生命的意义和价值。

［赏析］生命是否有价值，并不在富裕和贫穷，而在于你为这个社会做了什么。

30. ［原文］对棋不若观棋，观棋不若弹瑟，弹瑟不若听琴。古云："但识琴中趣，何劳弦上音。"斯言信然。

［译文］和别人下棋不如看人家下棋，看人家下棋不如自己弹瑟，自己弹瑟不如听人弹琴。古人说："只要能品味琴里的乐趣，何必一定要弹出琴音呢?"这话可信。

［赏析］观棋不语真君子，落子无悔大丈夫。

31. ［原文］人只把不如我者较量，则自知足。

［译文］只要和一些不如自己的人比较一下，你就很快知足了。

［赏析］知足常乐，别给自己太多负担。

32. ［原文］鸟栖高枝，弹射难加；鱼潜深渊，网钓不及；士隐岩穴，祸患焉至。

[译文] 鸟栖息在高枝上，用弹弓打不到。鱼潜在深水里，渔网很难抓住它们。有才学的隐士生活在岩窟里，祸害不可能降到他们身上。

[赏析] 你得学会保护自己，才能安全地行走在这个世界中。

33. [原文] 优人代古人语，代古人笑，代古人愤，今文人为文似之。优人登台肖古人，下台还优人，今文人为文又似之。假令古人见今文人，当何如愤，何如笑，何如语？

[译文] 唱戏的化妆成古代人，替古代人说话，替古代人笑，也替古代人发怒，当今的文人写文章就是这样。唱戏的人在戏台上很像古代人，但是一下台，又恢复了唱戏人的状态，现在的文人跟这很像。如果让古代人和当今的文人见面，不知道他们会怎么生气，怎么笑，怎么说话了。

[赏析] 人生如戏，戏如人生，不过有时候，我们需要从戏里走出来。

34. [原文] 简傲不可谓高，谄谀不可谓谦，刻薄不可谓严明，阘茸不可谓宽大。

[译文] 不能把轻视和傲慢当成高明，也不能将奉承当作谦逊，对人苛刻不能叫严明，对人放纵不能叫宽宏。

[赏析] 高明、谦让、严明、宽容，这是我们应为之奋斗终生的修养目标。

35. [原文] 作诗能把眼前光景，胸中情趣，一笔写出，便是作手，不必说唐说宋。

[译文] 写诗的人如果能把眼前看到的美景、心里所想的写出来，就是高手，没必要引经据典。

[赏析] 所思所见，往往是最美的东西。

36. [原文] 打透生死关，生来也罢，死来也罢；参破名利场，得了也好，失了也好。

[译文] 将生与死的界限超越了，就可以活得很自由，死也很安然。看破了虚无的名利场，就会觉得，得到了也好，失去了也罢。

[赏析] 放宽心态，学会放下，才能平静地对待得失。

37. [原文] 混迹尘中，高视物外；陶情杯酒，寄兴篇咏；藏名一时，尚友千古。

[译文] 立足在世间，要让自身的眼光超然物外；远离烦恼，让自己在酒杯里得到快乐，在诗词中得到寄托；暂且将名声藏起来，只要在精神上与古人做朋友就行了。

[赏析] 生在这个世界上，很多烦恼无法规避，很多空间可以尽情挥洒。

38. [原文] 皮囊速坏，神识常存，杀万命以养皮囊，罪卒归于神识。佛性无边，经书有限，穷万卷以求佛性，得不属于经书。

[译文] 身体会变坏，但神识是永恒的。宰杀动物滋养自己的身体，罪孽就会到你的神识中，你也会得到报应。人的悟性是无边的，可经书上只能写一点点，读经书求悟性，一旦顿悟就会知道，经书只是方法，不是佛性。

[赏析] 佛经中的少杀生、多行善、少贪念等观点，如果摒弃迷信的成分，是有很大的积极意义的。

39. [原文] 人胜我无害，彼无蓄怨之心；我胜人非福，恐有不测之祸。

[译文] 当别人胜过我，并无害处，因为他不会嫉妒我。我胜过别人往往不是什么好事，因为如果遇到心胸狭窄的人，就有可能有灾祸出现。

［赏析］对手很重要，对手的人品、心态更重要。

40.［原文］清闲无事，坐卧随心，虽粗衣淡食，自有一段真趣；纷扰不宁，忧患缠身，虽锦衣厚味，只觉万状愁苦。

［译文］按自己的心意随意坐躺，过着清闲日子，虽穿着粗布衣服，吃的也是简单的饭菜，却觉得有滋有味。而那些被烦恼缠身的人，每天都很忙，虽然穿着华丽的衣服，吃着美味佳肴，心里却很多苦愁。

［赏析］偷得浮生半日闲。有些时光，是可以用来浪费的。

41.［原文］成名每在穷苦日，败事多因得志时。

［译文］如果你很穷困，可能说明你快要成功了；失败往往出现在你得意时。

［赏析］困顿时要坚持，得意时要内敛。

42.［原文］让利精于取利，逃名巧于邀名。

［译文］把利益让给别人，比和别人争利更聪明。逃避名声比追求名声更明智。

［赏析］少利益才能多友谊，名声太大也不一定快乐。

43.［原文］隐逸林中无荣辱，道义路上无炎凉。

［译文］隐居在山林里，就没有荣辱得失的烦恼，在追求道义的路上，也不会有世态炎凉。

［赏析］学会躲避，烦恼自然远离你。

44.［原文］闻谤而怒者，谗之阽；见誉而喜者，佞之媒。

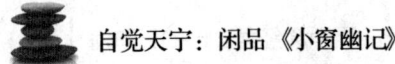

［译文］一听到他人有毁谤的话就生气的人，最容易受别人的谗言。听别人赞美的话就开心的人，最易把拍马屁的话听进去。

［赏析］一定要理性、冷静地对待别人对你的评价。

45. ［原文］取凉于箑，不若清风之徐来；激水于桔，不若甘雨之时降。

［译文］用扇子扇风，比不上自然风的吹拂。到水井里取水，比不上天降的雨水。

［赏析］珍惜上天赐予我们的一切。

46. ［原文］有快捷之才，而无所建用，势必乘愤激之处，一逞雄风；有纵横之论，而无所发明，势必乘簧鼓之场，一恣余力。

［译文］有才华而无用武之地，势必会乘着激愤时展示雄风。怀有经世的纵横之才，却没有施展宏论之地，势必会乘借时机场合竭尽全力巧舌如簧地搬弄是非。

［赏析］英雄无用武之地，这是最大的悲哀，所以，我们要学会包装、宣传自己。

47. ［原文］月榭凭栏，飞凌缥缈；云房启户，坐看氤氲。

［译文］月光下，靠着高台的栏杆，心思早就飞到了虚无的时空中去了。打开山居的大门，坐看那些云烟的变幻。

［赏析］超然物外，看看别人在红尘中挣扎，或许对自己将有所触动。

48. ［原文］竹里登楼，远窥韵士，聆其谈名理于坐上，而人我之相可忘；花间扫石，时候棋师，观其应危劫于枰间，而胜负之机早决。

［译文］在竹林里登上楼台，远望着风雅文士，坐着听他们谈名论理，达

到人我两忘的境界。在花圃里扫地时，等待下棋的高人，看他应对棋局的危机，而胜负早就决定了。

［赏析］人我相忘，快乐之源。

49.［原文］六经为庖厨，百家为异馔；三坟为瑚琏，诸子为鼓吹。自奉得无大奢，请客未必能享。

［译文］把六经当厨师，将百家文章当好菜，将三坟当宗庙上的重器，将诸子当美妙的鼓吹曲。自己享用未免太过奢侈，而以此待客，客人也未必能享受得了。

［赏析］追求文明，追求心灵的升华。

50.［原文］凡名易居，只有清名难居；凡福易享，只有清福难享。

［译文］什么名誉都易于承受，唯有清白最难；什么福气都可以享受，唯有无事可做的清福很难享受。

［赏析］做一个清白的人很难，做一个清闲的人也难。

51.［原文］有书癖而无剪裁，徒号书厨；惟名饮而少蕴藉，终非名饮。

［译文］有的人很爱看书，却从不取舍和选择，那与书橱没区别。只爱喝酒，却不懂喝酒要含蓄，就不能算能喝酒的人。

［赏析］选择有用的书，才是真读书。酒要品，才是真正懂酒的人。

52.［原文］夜者日之余，雨者月之余，冬者岁之余。当此三余，人事稍疏，正可一意问学。

［译文］晚上是一天里剩余的时间，雨天是一个月里剩余的时间，冬天是一年里剩余的时间，这三种时间一般人事交往都少，正是读书的好时候。

[赏析] 读书就是要把握每一个空闲的时候，要善于利用零碎的时间。

53. [原文] 树影横床，诗思平凌枕上；云华满纸，字意隐跃行间。

[译文] 树影斜照在床头，泉涌的诗句在枕上跃起；在纸上写满云霞，在文章中隐约闪动着文字的意义。

[赏析] 写诗作文，文思应与情景吻合。

54. [原文] 耳目宽则天地窄，争务短则日月长。

[译文] 耳朵和眼睛用得太多，就会觉得天地小了。少做一些追逐名利的事情，日子便清闲而漫长。

[赏析] 学会自动屏蔽一些烦恼，学会经营自己的天地。

55. [原文] 听静夜之钟声，唤醒梦中之梦；观澄潭之月影，窥见身外之身。

[译文] 听着宁静的夜晚传来的钟声，唤醒了生命里的迷茫。静静看着幽清的湖水，可以看到身体之外的真实自我。

[赏析] 宁静的环境，才能让我们更清醒。真实的自我才最纯真。

56. [原文] 事有急之不白者，宽之或自明，毋躁急以速其忿；人有操之不从者，纵之或自化，毋操切以益其顽。

[译文] 气氛紧张，心情急躁时，往往分辨不清楚事情，不妨先等等，千万不能鲁莽行事而让事情变得更糟。有些人越劝他越不听，倒不如放任，这样他或许很快便明白过来；不要急于强迫他按你的意思去做，不然他会更加固执。

[赏析] 处理事情时，一定要注意正确的方式或方法，万不可伤害到别

人，更不可让事情往更复杂的方向发展。

57.［原文］士君子贫不能济物者，遇人痴迷处，出一言提醒之；遇人急难处，出一言解救之，亦是无量功德。

［译文］读书人不能在物质上帮助别人，但是可以在人迷惑时指点迷津；或者在人危难时，以言语来解救他，这也是大德。

［赏析］做善事不一定要用钱，你的一言一行都可以影响他人。

58.［原文］问祖宗之德泽，吾身所享者是，当念其积累之难；问子孙之福祉，吾身所贻者是，要思其倾覆之易。

［译文］向祖宗问德泽，我正享受的就是，应牢记先祖留下家业的艰难；向子孙问幸福，我留下的遗产就是，要意识到败起家业来有多容易。

［赏析］打江山容易，守江山难。

59.［原文］韶光去矣，叹眼前岁月无多，可惜年华如疾马；长啸归与，知身外功名是假，好将姓字任呼牛。

［译文］好岁月都过去了，感叹好日子不多了，可惜年华奔走得如同快马一般；长啸一声归去，才知身外的功名都是假的，可任人将自己的姓名呼来喝去。

［赏析］每个人都只是时间长河里的一滴水。

60.［原文］苦恼世上，度不尽许多痴迷汉，人对之肠热，我对之心冷；嗜欲场中，唤不醒许多伶俐人，人对之心冷，我对之肠热。

［译文］烦恼的世间，度不完那些痴情的人。他人对他热情，我却对他冷淡。寻欢场所里，叫不醒那些聪明的人。他人对他心冷，我对他热情。

[赏析] 你永远无法叫醒一个"装睡"的人。

61. [原文] 自古及今，山之胜多妙于天成，每坏于人造。

[译文] 古往今来很多风景，自然天成是它们的绝妙所在，可现在它们却被人造的景观破坏了。

[赏析] 返璞归真，有些东西还是保持原貌的好。

62. [原文] 画家之妙，皆在运笔之先，运思之际；一经点染便减机神。

[译文] 画家的妙处在于下笔之前的构思。这个时候假如有杂念，就不能将神妙的地方展现出来。

[赏析] 诗画合一，艺术作品才能出神入化。

63. [原文] 长于笔者，文章即如言语；长于舌者，言语即成文章。昔人谓"丹青乃无言之诗，诗句乃有言之画"；余则欲丹青似诗，诗句无言，方许各臻妙境。

[译文] 擅长写文章的人，他的文字就是最美的语言；口才好的人，他们说的语言就是好的篇章。古代人说过画是无声的诗句，诗句是有声的画。我认为最美的画像诗一样，可以倾诉，最好的诗则可意会不可言传。如此，诗画才可以各自达到神妙的境地。

[赏析] 所有的艺术都是相通的，诗画也是不分家的。其实，真正的诗和画是时空兼容，甚至是超越时空的。诗和画的神妙之处不完全在其本身，而在它的画面、文字之外，所谓"不着一字，尽得风流"，就是这个道理。

64. [原文] 舞蝶游蜂，忙中之闲，闲中之忙；落花飞絮，景中之情，情中之景。

［译文］蝴蝶在飞舞，蜜蜂在跳舞，它们在忙碌和闲情中来回。繁花落下，柳絮飞起，这样的情意都隐藏在景色中了。

［赏析］将感情融入美景之中，将会得到另外一番美景。

65. ［原文］五夜鸡鸣，唤起窗前明月；一觉睡起，看破梦里当年。

［译文］五更时，鸡叫声把睡梦里的人喊醒，可以看到一轮明月挂在天空。我一觉醒来，感觉当年的事在梦里都化为了过眼云烟。

［赏析］人生难得糊涂，有些事情过去就让它过去吧！

66. ［原文］想到非非想，茫然天际白云；明至无无明，浑矣台中明月。

［译文］想到无边无际，茫然得如同天中的云朵。明白了天无日月的道理，竟连台中的月亮也变得浑圆了。

［赏析］世界很复杂，看不清时得学会安慰自己。

67. ［原文］逃暑深林，南风逗树；脱帽露顶，沉李浮瓜；火宅炎宫，莲花忽迸。较之陶潜卧北窗下，自称羲皇上人，此乐过半矣。

［译文］在深林里避暑，南风逗着树木。脱下帽子，用冷水洗瓜果。世间像火一样，忽然悟到莲花法门。与陶渊明卧在东北窗户下，自称羲皇上人相比，这样的人生之乐已经过半了。

［赏析］避暑，其实是避“乱”。

68. ［原文］类君子之有道，入暗室而不欺；同至人之无迹，怀明义以应时。

［译文］如同君子一般讲原则，在暗室里也不做欺世盗名之事；像圣人一样不留行迹，怀着深明大义的心去应对时事。

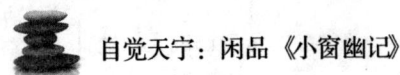

[赏析] 学君子，做一个深明大义的人。

69. [原文] 一翻一覆兮如掌，一死一生兮如轮。

[译文] 一翻一覆就像手掌，一死一生就像车轮在转动。

[赏析] 人生在世，掌间翻覆，死生轮回，道理看似简单，但却让人难以接受和释怀。因此，我们要做的就是珍惜当下，把握好现在的生活。

第五章　素——亲近自然，感受纯真之美

[原文] 袁石公云："长安风雪夜，古庙冷铺中，乞儿丐僧，齁齁如雷吼；而白髭老贵人，拥锦下帷，求一合眼不得。"呜呼！松间明月，槛外青山，未尝拒人，而人自拒者何哉？集素第五。

[译文] 袁宏道曾说："在长安的一个风雪交加的夜晚，古老的庙宇和冰冷的店铺中，乞丐、僧人睡得很安稳，发出很大的呼噜声，而有钱人家的白胡子老人，虽然有精致的锦绣棉被，悬挂着床帏，却一夜也合不上眼。"呜呼，松林间的月亮，栅栏外的青山，它们并不拒绝人们欣赏美景，人们为何要自找烦忧，将自己关在美景的外面呢？这是第五章。

[赏析] 在大自然面前，在美好的景致面前，人和人都是平等的。大自然是公平的，可人们的想法却大不相同，有人能享受简朴生活中的美和温暖，有人却以为那是遭罪。其实，这所有的一切，归根结底还是心态的问题。如何在生活中找寻快乐，本章也许能给你一点启发。

1. [原文] 田园有真乐，不潇洒终为忙人；诵读有真趣，不玩味终为鄙夫；山水有真赏，不领会终为漫游；吟咏有真得，不解脱终为套语。

[译文] 田园里有真乐趣，不能潇洒，就只能算个庸碌的人。诵诗读书有趣味，不会欣赏，也只能算个粗俗的人；山水中有美景，不能领悟，便只能盲目地走。诗词歌赋里有真正的心得，理解不了，便只是套话。

[赏析] 世间不缺少美，缺少的是乐在其中的心态。

2. [原文] 居处寄吾生，但得其地，不在高广；衣服被吾体，但顺其时，不在纨绮；饮食充吾腹，但适其可，不在膏粱；宴乐修吾好，但致其诚，不在浮靡。

[译文] 房子只是我住的地方，不必要求多高多宽；衣服是用来蔽体的，只要能顺应四时，不一定非得高贵华丽；食物是用来果腹的，只要能满足身体需要，不一定非得山珍海味；宴席是为了维持友情，只要有诚意，不必在乎排场。

[赏析] 为人处世，不能仅仅浮在表面，我们应该把注意力放在更有意义的地方。

3. [原文] 琴觞自对，鹿豕为群；任彼世态之炎凉，从他人情之反复。

[译文] 一个人弹琴饮酒，与鹿豕为伍；不管世态炎凉，不管人情反复无常。

[赏析] 对他人多一些温暖，少一点冷漠。只要你的心里是温暖的，整个世界便温暖如初。

4. [原文] 家居苦事物之扰，惟田舍园亭，别是一番活计：焚香煮茗，把酒吟诗，不许胸中生冰炭。客寓多风雨之怀，独禅林道院，转添几种生机：染翰挥毫，翻经问偈，肯教眼底逐风尘。

[译文] 住在家里就会苦于世间事情的困扰，只有住在田舍屋亭，才是另一种活法：点香煮茶、喝酒读诗，心里就不会像冰一样冷漠。住在别的寓所，总是会被世间风雨所触动，唯独住在禅林道院，心中添了许多生机：挥笔泼墨，看经书，问偈语，怎能让眼睛去追逐世间的风尘呢？

[赏析] 当今社会是一个飞速发展的社会，也是一个充满诱惑的社会。在这种情况下，人非常容易变得浮躁，从而迷失本心。如何能在自我发展的同时保持本心呢？不如四处走一走、看一看，走得多了、看得多了，自然也就明白了，自然也就抵挡得住外面的诱惑，守得住本心了。

5. [原文] 茅斋独坐茶频煮，七碗后，气爽神清；竹榻斜眠书漫抛，一枕余，心闲梦稳。

[译文] 独坐茅屋煮茶，七杯之后，感觉神清气爽；侧卧竹榻，手里的书散乱在一边，做了一个踏实的美梦。

[赏析] 在生活中，有时不妨顺其自然地去做一些事情，凡事莫强求，也许会遇到更好的事情。顺着自己的本心、顺着天地间的规律，人也会变得通达、自然。

6. [原文] 带雨有时种竹，关门无事锄花。拈笔闲删旧句，汲泉几试新茶。

[译文] 下雨天，有时间的话就去种竹子；关上门没事可做，就去给花锄草。空闲的时候删改一下以前的诗句，汲清泉，煮新茶。

[赏析] 不是为了所谓的"小资情调"，只是为了让自己慢慢来。

7.［原文］余尝净一室，置一几，陈几种快意书，放一本旧法帖；古鼎焚香，素麈挥尘，意思小倦，暂休竹榻。饷时而起，则啜苦茗，信手写汉书几行，随意观古画数幅。心目间，觉洒洒灵空，面上俗尘，当亦扑去三寸。

[译文] 我曾打扫干净一间房子，放一个小桌，摆上几本喜欢的书，再放上一本旧字帖；用古代的鼎焚点香，用素白的麈尾拂去灰尘，累了时，就躺在竹榻上睡一会儿。睡醒后，喝点略带苦味的茶，信手写几行字，看几幅古画。心里马上空灵起来，俗事也被扫走了三分。

[赏析] 当今社会，生活节奏越来越快，人们的压力很大，很多人都被推着走，已经很少人能刹住车了。

8.［原文］但看花开落，不言人是非。

[译文] 只静静地看花开花落，不讨论人间的是是非非。

[赏析] 做好自己，少讨论他人。

9.［原文］白云在天，明月在地；焚香煮茗，阅偈翻经；俗念都捐，尘心顿洗。

[译文] 天上有白云，地上有明月；焚香煮茶，阅读佛经。把俗世的想法都赶走，布满灰尘的心便干净了。

[赏析] 过简单的生活，灵魂才能干净。

10.［原文］暑中尝嘿坐，澄心闭目，作水观久之，觉肌发洒洒，几阁间似有爽气。

[译文] 夏天很热时可以静坐，澄清心灵把双眼闭上。打坐"水观"时间久了，就会觉得皮肤和头发洋洋洒洒，楼阁间有凉气飘来。

[赏析] 心静自然凉，不要轻易为环境所左右。

11. [原文] 胸中只摆脱掉一恋字，便十分爽净，十分自在。人生最苦处，只是此心，沾泥带水，明是知得，不能割断耳。

[译文] 心中只要摆脱一个"恋"字，就会变得清爽自在。人生最苦的正是这个"恋"字。拖泥带水，表面上像看清楚了，其实是舍不得割断而已。

[赏析] 懂得放弃，才能自由。

12. [原文] 无事以当贵，早寝以当富，安步以当车，晚食以当肉。此巧于处贫矣。

[译文] 以无事打扰为贵，把早睡当财富，以慢走代替车子，晚一点吃当成肉餐。这就是穷困时的好活法。

[赏析] 如何面对不尽如人意的现实？需要一颗乐观的心。

13. [原文] 高枕丘中，逃名世外，耕稼以输王税，采樵以奉亲颜；新谷既升，田家大洽，肥羚烹以享神，枯鱼燔而召友；蓑笠在户，桔槔空悬，浊酒相命，击缶长歌，野人之乐足矣。

[译文] 高枕于田园，远离世俗名声。自给自足，还可以缴纳赋税，砍柴侍奉双亲。新粮入仓，农人欢喜。杀一只肥羊敬神，烤一些鱼来招待亲朋好友；蓑衣斗笠挂在墙上，桔槔悬在空中。以浊酒相敬，敲着缶唱歌。如果能像这些农人一样快乐，该多好啊！

[赏析] 田园之乐是一种最亲近自然的欢乐，只可惜现在越来越少了。

14. [原文] 为市井草莽之臣，早输国课；作泉石烟霞之主，日远俗情。

[译文] 身为市井里的臣民，应及早交税；身为幽居在泉石烟霞中的人，要远离世俗。

[赏析] 角色、定位，每个人都必须认清自己，做好分内之事。

15. [原文] 春初玉树参差，冰花错落，琼台奇望，恍坐玄圃罗浮；若非黄昏月下，携琴吟赏，杯酒留连，则暗香浮动，疏影横斜之趣，何能真实际？

[译文] 初春时节，被积雪覆盖的树参差不齐，冰花错落有致，在美丽的高台上远望，仿佛坐在仙人谪居的玄圃和罗浮山中一般；黄昏时分，月亮升起，吟诗赏月，不停喝酒，那种暗香浮动、疏影横斜的情趣，怎样才能成为现实呢？

[赏析] 梦想总是美好的，可我们还得回到现实，一步一步慢慢往前走。

16. [原文] 性不堪虚，天渊亦受鸢鱼之扰；心能会境，风尘还结烟霞之娱。

[译文] 如果不能忍受清虚，就算在蓝天或深渊中也会受到鸢鸟和鱼的骚扰；如果内心融入环境，就算是风中的尘土，也有结合烟霞的快乐。

[赏析] 心有多大，世界就有多大。当然，你还得学着适应环境。

17. [原文] 身外有身，捉麈尾矢口闲谈，真如画饼；窍中有窍，向蒲团问心究竟，方是力田。

[译文] 身外有身，手里拿着麈尾却闭口或只是闲谈，就跟画饼充饥一般；窍中有窍，坐在蒲团上冥想，探究心的本源，此为真功夫。

[赏析] 真正到达内心，才能悟到佛法，才能看到真实的自己。

18. ［原文］山中有三乐。薜荔可衣，不羡绣裳；蕨薇可食，不贪粱肉；箕踞散发，可以逍遥。

［译文］山中有三乐：薜荔可以织麻衣，不用羡慕他人穿刺绣的衣裳；野蔬都可吃，不必贪恋珍馐佳肴；随意叉开双腿，前伸而坐，披散头发，逍遥自在。

［赏析］无拘无束的生活，才是大快乐，前提是遵守一切规律和法则。

19. ［原文］世上有一种痴人，所食闲茶冷饭，何名高致。

［译文］世间有这样一种痴人，做事总是跟在别人后面，吃的都是闲茶冷饭，怎么称得上高雅呢？

［赏析］为人做事，不可拾人牙慧，一定要有自己的想法。

20. ［原文］桑林麦陇，高下竞秀；风摇碧浪层层，雨过绿云绕绕。雉雊春阳，鸠呼朝雨，竹篱茅舍，间以红桃白李，燕紫莺黄，寓目色相，自多村家闲逸之想，令人便忘艳俗。

［译文］桑林麦陇，虽有高下的分别，却竞呈清秀之色；暖风吹拂着桑树、麦苗，掀起碧浪，雨过之后，好像是碧绿的云彩。野鸡在春天温暖的阳光下啼叫，斑鸠在清晨的雨中惊呼，竹篱笆、茅草屋之间点缀着粉红的桃花、雪白的李子花，还配有紫燕黄莺的啼叫声，呈现在眼中的景色，带有很多农家闲逸的特色，使人忘记了俗气的城市生活。

［赏析］除了都市繁华，还有一种美，叫作田园风。

21. ［原文］云生满谷，月照长空，洗足收衣，正是宴安时节。

［译文］山谷里都是云朵，明亮的月亮照亮了夜空，洗完脚收衣服，正好

是休息时间。

[赏析] 日出而作，日落而息。循环反复，这就是生活。

22. [原文] 眉公居山中，有客问山中何景最奇，曰："雨后露前，花朝雪夜。"又问何事最奇，曰："钓因鹤守，果遭猿收。"

[译文] 陈眉公居住在山里，有来客问："山里最奇的景是什么？"回答："下雨之后、露水之前，早上的花，夜里的寒雪。"又问："最奇的事是什么？"回答："让鹤去守着钓钩，派猴去摘果子。"

[赏析] 身处尘世的现代人，已经很难理解古人的欢乐与忧愁了。

23. [原文] 古今我爱陶元亮，乡里人称马少游。

[译文] 古今历史上，我最爱陶渊明，而少游的知足常乐也是出了名的。

[赏析] 陶渊明的《桃花源记》，诱惑了千古多少人？

24. [原文] 嗜酒好睡，往往闭门；俯仰进趋，随意所在。

[译文] 爱喝酒又爱睡觉，常常关着门。对别人俯仰或是进退，可以任意而为。

[赏析] 任意而为，这或许是许多人的梦想吧！可人生在世，无规矩不成方圆。

25. [原文] 霜水澄定，凡悬崖峭壁，古木垂萝，与片云纤月，一山映在波中。策杖临之，心境俱清绝。

[译文] 落霜后的水很清澈，凡是悬崖峭壁和古树藤萝，与云彩和新月一起映在水中。拄着手杖走在这山水之间，观此美景，心境很清爽。

[赏析] 内心清静才是大境界。

26. [原文] 亲不抬饭，虽大宾不宰牲。匪直戒奢侈而可久，亦将免烦劳以安身。

[译文] 亲属之间不用太客气，不用提高饭菜的档次，虽然是贵宾也不用宰牲口来款待。这不仅是为了防止过多的屠杀，更是为了免除烦恼，让身体安养和休息。

[赏析] 热情招待的方式有很多，不一定非得杀鸡宰羊。

27. [原文] 饥生阳火炼阴精，食饱伤神气不升。

[译文] 肚子饿的时候会生阳火，可以修炼内在的元精，吃太饱会伤神，以致气不能生发出来。

[赏析] 吃饭八分饱是古已有之的养生理念。

28. [原文] 心苟无事，则息自调；念苟无欲，则中自守。

[译文] 心里如果没事，便可自行调节气息；心里如果没有欲念，便可自行坚守内心。

[赏析] 海纳百川，有容乃大；壁立千仞，无欲则刚。

29. [原文] 文章之妙，语快令人舞，语悲令人泣，语幽令人冷，语怜令人惜，语险令人危，语慎令人密；语怒令人按剑，语激令人投笔，语高令人入云，语低令人下石。

[译文] 文章的精妙之处在于：语气痛快可以鼓舞人，语气悲痛可以令人哭泣，言语幽静可以令人寒冷，言语可怜能够使人婉惜，言语险毒能够使人感觉到危机，说话谨慎可以让人感觉到缜密，言辞中带着怒气可以让人想要拔剑，言辞激烈可以让人丢下笔，言辞高亢可以让人好像入云一般，言辞低

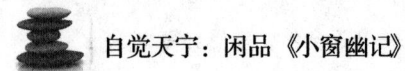

沉可以让人好像胸压大石。

[赏析] 文章千古事，万不可大意。

30. [原文] 溪响松声，清听自远；竹冠兰佩，物色俱闲。

[译文] 小溪的声响像松涛声，静下心来听，像从远处传来；头戴竹子编就的帽子，身上戴着兰草当佩饰，物品和色彩都很安闲。

[赏析] 穿金戴银也好，勤俭朴素也罢，重要的是内涵和气质。

31. [原文] 鄙吝一销，白云亦可赠客；渣滓尽化，明月自来照人。

[译文] 大方的人就算是白云也可以拿来赠给客人。把杂念排除，明月自然会照映着人。

[赏析] 大方之人的眼中看到的不是物质，而是心与心的交流。

32. [原文] 存心有意无意之妙，微云淡河汉；应世不即不离之法，疏雨滴梧桐。

[译文] 存心于有意无意之间的妙处，如同云彩遮住了银河；处世应保持不近不离的原则，如同稀疏的雨点落在梧桐叶上。

[赏析] 不即不离是处世的好方法，离得太近了，便容易受伤。

33. [原文] 肝胆相照，欲与天下共分秋月；意气相许，欲与天下共坐春风。

[译文] 肝胆相照的时候，要与天下人分享秋月；意趣相投时，要与天下人共迎春风。

[赏析] 分享，才能使快乐增值。

34. [原文] 堂中设木榻四，素屏二，古琴一张，儒道佛书各数卷。乐天既来为主，仰观山，俯听水，傍睨竹树云石，自辰及酉，应接不暇。俄而物诱气和，外适内舒，一宿体宁，再宿心恬，三宿后颓然嗒然，不知其然而然。

[译文] 大堂里放有四张木床，两个素色的屏风，一架古琴，佛儒道的经书各几卷。白居易已经做了草堂的主人，抬头望山，低头听水，环顾四周领略竹林、白云、幽石这些美丽的景色，从早到晚让人应接不暇。很快心灵就被美景所感染，变得心气平和，外边适应内心舒适，睡一晚感觉身体舒适，住两晚则心灵恬静，住上三晚之后，可以达到颓然自放、心境、空灵、物我两忘的境界，一切淡泊无为，顺从自然而然。

[赏析] 山景怡人，可惜的是人们往往耐不住寂寞。

35. [原文] 偶坐蒲团，纸窗上月光渐满，树影参差，所见非色非空，此时虽名衲敲门，山童且勿报也。

[译文] 偶尔坐在蒲团上，窗纸上慢慢洒满月光，树影参差摇动，所看到的已不是事物本身，也非虚像，而是非色非空的境界；这时就算是高僧敲门，山童也暂时不要禀报。

[赏析] 心外无我，禅境里的人，是那样的高深莫测。

36. [原文] 会心处不必在远，翳然林水，便自有濠濮间想也。觉鸟兽禽鱼，自来亲人。

[译文] 能够交心的地方不需多远，只要有浓密的树林、绿色的水，就自然会生发出一种闲适逍遥的感觉，不知不觉中鸟兽禽鱼，自然会前来与人亲近。

[赏析] 万物皆可亲近。

37. [原文] 茶欲白，墨欲黑；茶欲重，墨欲轻；茶欲新，墨欲陈。

[译文] 茶越白越好，墨越黑越好；茶越厚重越好，墨越轻巧越好；茶越新鲜越好，墨越陈越好。

[赏析] 有些东西久而弥香，有些东西适合放在心底。

38. [原文] 筑凤台以思避，构仙阁而入圆。

[译文] 修好凤台以便避世，建筑仙阁以便成仙。

[赏析] 宝剑赠英雄，好东西要邀请对的人一起分享。

39. [原文] 客过草堂问："何感慨而甘栖遁？"余倦于对，但拈古句答曰："得闲多事外，知足少年中。"问："是何功课？"曰："种花春扫雪，看篆夜焚香。"问："是何利养？"曰："砚田无恶岁，酒国有长春。"问："是何还往？"曰："有客来相访，通名是伏羲。"

[译文] 客人经过我的草堂，问："有什么感慨，使你甘愿隐居？"我懒得应答，就用古语说："想得到闲暇，需在事外，只有知足才能年轻。"问："你怎么做到的？"回答："春天扫雪种花，晚上焚香看书。"问："利于养生的是什么？"回答："写文、卖字，没有很不好的年景，在酒国里长饮就会有春天。"问："有什么样的交往？"答："有个朋友来访，告诉我，他叫伏羲。"

[赏析] 古代许多所谓的隐士，有多少人能真正配得上这个称号。

40. [原文] 山居胜于城市，盖有八德：不责苛礼，不见生客，不混酒肉，不竞田产，不闻炎凉，不闹曲直，不征文遣，不谈士籍。

[译文] 在山里居住比都市好，一共有八个优点：不受礼数的束缚，不用

见陌生客人，不和酒肉朋友混在一起，不用比谁的田地多，看不到世态炎凉，不用讨论是非，不用逃亡，不用谈出身门第。

［赏析］如今的我们无法真正隐居起来，但是我们可以在心底装饰一个精神家园。

41.［原文］采茶欲精，藏茶欲燥，烹茶欲洁。

［译文］采茶时，越精致越好，储藏茶叶的地方越干燥越好，煮茶时越干净越好。

［赏析］学会与茶交流，那是一段修身养性的过程。

42.［原文］茶见日而味夺，墨见日而色灰。

［译文］茶叶见到阳光，味道会变淡；墨暴晒之后，颜色会暗淡。

［赏析］白玉掺杂了太多杂质，就失去了高贵的光泽。

43.［原文］园中不能辨奇花异石，惟一片树阴，半庭藓迹，差可会心忘形。友来或促膝剧论，或鼓掌欢笑，或彼谈我听，或彼默我喧，而宾主两忘。

［译文］园中不一定非要有奇花、异石，只要有一片树荫、半院的苔藓，就足以令人忘情。好友前来促膝相谈、激烈讨论，或者鼓掌欢笑，或者好友说话，我倾听，或者好友不说话，我说。主客双方都忘了自己的身份。

［赏析］和好友在一起，忘形也是一件美事。

44.［原文］夜寒坐小室中，拥炉闲话。渴则敲冰煮茗，饥则拨火煨芋。

［译文］寒冷的冬夜，坐在小屋里，围着火炉闲聊。渴了就敲打一块冰块煮茶，饿了就拨开炭火烤山芋。

［赏析］适当的时候，该放下，让自己好好休息。

45. ［原文］翠竹碧梧，高僧对弈；苍苔红叶，童子煎茶。

［译文］翠竹青松下，高僧在下棋；苍苔红叶下，童子在煮茶。

［赏析］没有烦恼，不用过问太多，生活缓慢而悠闲。

46. ［原文］久坐神疲，焚香仰卧；偶得佳句，即令毛颖君就枕掌记，不则展转失去。

［译文］坐太久容易疲劳，可以焚香而卧；偶尔得到好句子得马上写下来，不然睡着之后会忘记。

［赏析］好记性不如烂笔头。

47. ［原文］和雪嚼梅花，羡道人之铁脚；烧丹染香履，称先生之醉吟。

［译文］冒雪赏梅，羡慕道人的铁脚草；炼丹时染红了鞋，赞扬先生醉酒时吟的诗句。

［赏析］注重平日里的修行，因为我们随时都可能暴露缺点。

48. ［原文］灯下玩花，帘内看月，雨后观景，醉里题诗，梦中闻书声，皆有别趣。

［译文］灯下赏花，帘里看月，雨后看景，醉后写诗，梦中听到读书声，都别有一番趣味。

［赏析］换个角度看人生、社会，你将窥见另外一番美景。

49. ［原文］铁笛吹残，长啸数声，空山答响；胡麻饭罢，高眠一觉，茂树屯阴。

［译文］铁笛将落日吹下，长啸几声，有空山回音；吃完神仙饭，在树下

睡一觉，繁茂的树木留下一片树荫。

　　[赏析] 魏晋风骨，早已成为时代绝响。

　　50. [原文] 编茅为屋，叠石为阶，何处风尘可到；据梧而吟，烹茶而语，此中幽兴偏长。

　　[译文] 用茅草搭屋，用石头堆台阶，还有哪里的风尘可以到达这里？靠着梧桐树吟一句诗，一边煮茶一边清谈，这里面有着悠然的意趣。

　　[赏析] 只要敞开心扉，大自然随时都欢迎你。

　　51. [原文] 皂囊白简，被人描尽半生；黄帽青鞋，任我逍遥一世。

　　[译文] 官场上的我，常被他人参劾，半生心血都白费了。成为老百姓的一员，我逍遥自在。

　　[赏析] 如果官场不适合你，民间自有你的立足之地。

　　52. [原文] 清闲之人不可惰其四肢，又须以闲人做闲事：临古人帖，温昔年书；拂几微尘，洗砚宿墨；灌园中花，扫林中叶。觉体少倦，放身匡床上，暂息半晌可也。

　　[译文] 清闲的人不能让四肢变懒，清闲人可做清闲事：描摹古人的字帖，温习以前的书；擦擦案几上的灰，洗洗砚台上的墨迹；浇浇花草，扫扫落叶。要是累了，就躺在床上休息一会儿。

　　[赏析] 别让自己闲下来，即便真的没事儿可干。

　　53. [原文] 葆真莫如少思，寡过莫如省事；善应莫如收心，解醪莫如淡志。

　　[译文] 想要保持天真的本性，少想事是最好的了；要想少犯错误，就要

多反省。善于应对世事，不如学会收心；想要解除烦忧，淡泊明志最好。

[赏析] 淡泊明志，不是明哲保身，而是为了更好地修炼。

54. [原文] 世味浓，不求忙而忙自至；世味淡，不偷闲而闲自来。

[译文] 世情浓，不想忙时，反而事情很多。世情淡，不想偷懒，反而闲情来了。

[赏析] 少一些期盼，沉着应对忙和闲。

55. [原文] 盘餐一菜，永绝腥膻，饭僧宴客，何烦六甲行厨；茆屋三楹，仅蔽风雨，扫地焚香，安用数童缚帚。

[译文] 一碗饭、一道菜，拒绝荤腥。招待僧人、来客，何必驱使鬼神做饭？几间茅屋，能遮风避雨就行，扫地焚香这样的事不必让童仆去做。

[赏析] 过简单的生活，不浪费，不驱使他人。

56. [原文] 以俭胜贫，贫忘；以施代侈，侈化；以省去累，累消；以逆炼心，心定。

[译文] 用节省战胜穷困，穷困的感觉就会忘掉；用施舍代替奢侈，奢侈自然就会化解；以省事代替劳累，劳累自然会消除；用逆境修炼身心，心志会变得坚定。

[赏析] 节省、施恩、省事、逆境只是方法，不是目的。

57. [原文] 净几明窗，一轴画，一囊琴，一只鹤，一瓯茶，一炉香，一部法帖；小园幽径，几丛花，几群鸟，几区亭，几拳石，几池水，几片闲云。

[译文] 擦干净案几和窗户，一幅画，一架琴，一只仙鹤，一杯茶，一炉香，一本书法字帖；小小的园子，幽静的小径，几丛花，几群鸟，几座小亭，

几块奇石，几池碧水，几片闲云。

[赏析] 令人羡慕的，是简简单单的生活。

58. [原文] 流年不复记，但见花开为春，花落为秋；终岁无所营，惟知日出而作，日入而息。

[译文] 时间过得太快，已记不住很多事了，只知道花开的时候是春天，花落的时候是秋天，一年都没事做，只是早上出去，晚上回家休息。

[赏析] 有时候，人得学会跟着时间走。

59. [原文] 脱巾露顶，斑文竹箨之冠；倚枕焚香，半臂华山之服。

[译文] 把头巾脱掉，露出头顶，戴着条纹的竹皮帽子；靠着枕头焚香，闭目养神，半个肩膀穿着道人的衣服。

[赏析] 融入自然，融入闲适的生活。

60. [原文] 谷雨前后，为和凝汤社，双井白芽，湖州紫笋，扫臼涤铛，征泉选火。以王濛为品司，卢仝为执权，李赞皇为博士，陆鸿渐为都统。聊消渴吻，敢讳水淫，差取婴汤，以供茗战。

[译文] 谷雨前后正是聚在一起品茶之时，双井白芽、湖州紫笋，清洗茶具，用好水，掌握好火候。请王濛负责品茶，卢仝为执权，李德裕为茶博士，陆羽为总管事。先解渴，不忌讳多喝几次，找人取茶水初沸时的嫩汤，准备斗茶。

[赏析] 品茶、斗茶，生活得有滋有味。

61. [原文] 窗前落月，户外垂萝；石畔草根，桥头树影；可立可卧，可坐可吟。

[译文] 窗前落下月光，门外垂下藤萝；石头边有碧绿的青草，桥头树影重重；看到这样的美景，可以站立也可以躺卧，可以静坐也可以吟诗。

[赏析] 月光下的我们，应该做一些淡雅闲情之事。

62. [原文] 亵狎易契，日流于放荡；庄厉难亲，日进于规矩。

[译文] 轻慢猥亵的人，很易接近，认识久了便会放荡轻佻；庄重严厉的人，不容易亲近，交往久了可以让自己变得本分、守规矩。

[赏析] 是否是真友情，可以交给时间来验证。

63. [原文] 甜苦备尝好丢手，世味浑如嚼蜡；生死事大急回头，年光疾于跳丸。

[译文] 酸甜苦辣都尝过可以放弃了，世间百味就像嚼蜡；关乎生死的大事要赶紧回头，时光飞逝，如同抛出去的弹丸。

[赏析] 经历了，才有资格评论别人。

64. [原文] 若富贵，由我力取，则造物无权；若毁誉，随人脚根，则谗夫得志。

[译文] 如果富贵全由我的力量获取，那么造物主就没有什么权力了；如果诋毁和美誉没有自己的判断，那么说坏话的人就会得逞。

[赏析] 做好自己，别人就没有诋毁的理由了。

65. [原文] 清事不可着迹。若衣冠必求奇古，器用必求精良，饮食必求异巧，此乃清中之浊，吾以为清事之一蠹。

[译文] 做清心之事不能太刻意。假如穿衣服一定要标新立异，用的器具一定要精良，吃饭也要非同一般，那就是清澈中的浊流。我认为，这是清心

之事的蛀虫。

[赏析] 如果一切都贪图美好，那跟蛀虫没有什么分别。

66. [原文] 吾之一身，常有少不同壮，壮不同老；吾之身后，焉有子能肖父，孙能肖祖？如此期必，尽属妄想，所可尽者，惟留好样与儿孙而已。

[译文] 我自己的少年、壮年、老年尚且有所不同，我身后能有多少小孩和父亲长得很像呢？孙子能像祖父一样吗？这样的期望，是无边妄想。我们能做的，只有尽力给后代留个好榜样而已。

[赏析] 做孩子的好榜样和楷模，是对自己和后人负责。

67. [原文] 若想钱，而钱来，何故不想；若愁米，而米至，人固当愁。晓起依旧贫穷，夜来徒多烦恼。

[译文] 如果心里想着钱，钱就来了，那么为何不想呢？如果愁没米了，米就来了，那么发愁是对的。早上起来还是那么贫穷，晚上却徒增烦恼。

[赏析] 只有靠双手努力，才能致富，一切空想只能是自欺欺人。

68. [原文] 半窗一几，远兴闲思，天地何其寥阔也；清晨端起，亭午高眠，胸襟何其洗涤也。

[译文] 小窗前一张几，令人产生无限遐想，天地很广阔啊；早晨刚起，中午在凉亭睡着，胸襟如洗涤过一般。

[赏析] 美景可以让心灵变得干净，变得舒缓。

69. [原文] 行合道义，不卜自吉；行悖道义，纵卜亦凶。人当自卜，不必问卜。

[译文] 做事合乎道义，不必去算命，自然吉祥。行为有违道义，即使算

命也有凶险。人应该给自己算命，不应问别人。

[赏析] 用道义和规则来规范自己的行为，幸福和吉祥自然会降临。

70.[原文] 奔走于权幸之门，自视不胜其荣，人窃以为辱；经营于名利之场，操心不胜其苦，己反以为乐。

[译文] 奔走于有钱人之间，自己以为很光荣，别人却认为是耻辱；在名利场经营，又操心又辛苦，自己反以为是快乐。

[赏析] 在俗世中钻营太过，反而会失去更多。

71.[原文] 宇宙以来有治世法，有傲世法，有维世法，有出世法，有垂世法。唐虞垂衣，商周秉钺，是谓治世；巢父洗耳，裘公瞋目，是谓傲世；首阳轻周，桐江重汉，是谓维世；青牛度关，白鹤翔云，是谓出世；若乃鲁儒一人，邹传七篇，始谓垂世。

[译文] 人世间自古有治世之法，有傲然处世之法，有维护秩序之法，有超凡脱尘之法，有流传后世之法。尧舜垂衣而天下治，商朝和周朝重杀戮，都是治国；巢父洗耳，裘公生气而起，这是傲世；隐居首阳山的伯夷、叔齐轻视周朝，隐居在桐江的严光拒不受官，这是维世；老子骑青牛出关，丁令威化鹤飞翔，都是出世的方法。至于孔子一人，《邹传》七篇，这才是流传后代的方法。

[赏析] 每个人都在为这个世界努力着，方式方法不一，目的却是一致的。

72.[原文] 书室中修行法：心闲手懒，则观法帖，以其可逐字放置也；手闲心懒，则治迂事，以其可作可止也；心手俱闲，则写字作诗文，以其可以兼济也；心手俱懒，则坐睡，以其不强役于神也；心不甚定，宜看诗及杂短故事，以其易于见意不滞于久也；心闲无事，宜看长篇文字，或经注，或史传，或古人文集，此又甚宜于风雨之际及寒夜也。又曰："手冗心闲则思，心冗手闲则卧，心手俱闲，则著作书字，心手俱冗，则思早毕其事，以宁吾神。"

[译文] 书房中修养性情的方法：手懒时就看书帖，这是因为每个字相互独立，随时可以放下；手闲心懒的时候就做一些不急的事情，由于这些事情可做可不做；心手都闲的时候就写诗作文章，可以心手一起用。心手都懒的时候，就坐着睡觉，因为这样不必用精神；心不平静的时候，可以看诗歌或短篇故事，因为它们容易了解而不至于停留太久；心闲着没事的时候，可以看长篇书籍，或是经注、史传、古人的文集，在风雨天或寒夜很适合。也可以这样说："手忙心闲就思考，心忙手闲就躺下休息，心手都闲就看书写字，心手都忙就早点结束，以让我的精神平静。"

[赏析] 生活应该有时快，有时慢；有时忙碌，有时悠闲。

73. [原文] 片时清畅，即享片时；半景幽雅，即娱半景；不必更起姑待之心。

[译文] 有片刻清静畅快，就享受片刻；有一半的景色幽静雅致，就愉悦一半。不必想着姑且等待。

[赏析] 不要苛求太多，更不要太在意缺陷。

74. [原文] 一室经行，贤于九衢奔走；六时礼佛，清于五夜朝天。

[译文] 在室内来回走动，比在大街上走动好；按时间读经拜佛，胜过整夜朝拜上天。

[赏析] 拜佛，不是把命运交给神佛，而是让心灵与神佛沟通。

75.［原文］会意不求多，数幅晴光摩诘画；知心能有几，百篇野趣少陵诗。

［译文］知心知意的东西不求多，几幅王维的山水画即可；知心的有几位，上百篇山野情趣的杜甫诗就够了。

［赏析］东西不在多，而在精，在对口味。

76.［原文］醇醪百斛，不如一味太和之汤；良药千包，不如一服清凉之散。

［译文］百盏米酒比不上一杯热汤，千包良药比不上一服清凉散。

［赏析］酒也好，药也罢，都无法根治心病。

77.［原文］闲暇时，取古人快意文章，朗朗读之，则心神超逸，须眉开张。

［译文］闲时把古人写的快意文字，大声读出来，就会超脱飘逸，须发都张开。

［赏析］读好作品可以让人兴奋。

78.［原文］修净土者，自净其心，方寸居然莲界；学禅坐者，达禅之理，大地尽作蒲团。

［译文］学习佛法的人，可以自己净化心灵，方寸土地也可以成为莲花净地。学习打禅的人，达到了禅的境界，大地都可以成为蒲团。

［赏析］学习佛法和禅意，关键看心到了没有。

79.［原文］衡门之下，有琴有书。载弹载咏，爰得我娱。岂无他好，乐是幽居。朝为灌园，夕偃蓬庐。

[译文] 在简陋的小屋下，有琴有书，一边弹一边唱，便有了快乐。难道没有其他的乐趣？最爱的是幽静的房子。早上浇灌花园，夜里回到草房睡觉。

[赏析] 快乐得你自己来寻找，才最真，最持久。快乐不复杂，勤劳是快乐之本。

80. [原文] 因葺旧庐，疏渠引泉，周以花木，日哦其间；故人过逢，瀹茗弈棋，杯酒淋浪，殆非尘中物也。

[译文] 因为修葺旧房子，疏导水渠引来泉水，周围种上花木，白天在里面读诗；有好友从此经过，煮茶下棋，推杯换盏，这样的快乐在尘世是得不到的。

[赏析] 普通百姓的生活，在不少人看来比神仙还逍遥。

81. [原文] 逢人不说人间事，便是人间无事人。

[译文] 碰到人都不说世间的是非，这就是世间的无事之人。

[赏析] 不在人前搬弄是非。

82. [原文] 闲居之趣，快活有五。不与交接，免拜送之礼，一也；终日可观书鼓琴，二也；睡起随意，无有拘碍，三也；不闻炎凉嚣杂，四也；能课子耕读，五也。

[译文] 闲居的乐趣有五种：不和各色人等打交道，可免迎来送往的烦恼，此其一；可以整天读书弹琴，此其二；睡觉起床随心所欲，没有什么拘束挂碍，此其三；远离炎凉喧嚣，此其四；可教小孩读书，此其五。

[赏析] 现代人虽然生活质量越来越好，可是生活的意趣却越来越少。生活变得似乎就是为了工作、生存，如果真的是这样，那就太可悲了。因此，让自己多一点生活趣味，会让我们的人生变得更从容。

83. [原文] 虽无丝竹管弦之盛，一觞一咏，亦足以畅叙幽情。

[译文] 虽没有吹拉弹唱的热闹，一杯酒，一句诗，也足以畅谈幽深的情怀。

[赏析] 酒诗情怀，是一种安静闲适的乐趣。

84. [原文] 挟怀朴素，不乐权荣；栖迟僻陋，忽略利名；葆守恬淡，希时安宁；晏然闲居，时抚瑶琴。

[译文] 胸怀朴素，不去巴结权贵之人；住简朴的房子，对功名不在乎；保持心灵安宁，安逸地住着，偶尔弹弹瑶琴。

[赏析] 不巴结有钱人，是一种气节。对功名不感兴趣，是一种大气。过平淡的快乐生活，是一种气度。

85. [原文] 人生自古七十少，前除幼年后除老。中间光景不多时，又有阴晴与烦恼。到了中秋月倍明，到了清明花更好。花前月下得高歌，急须漫把金樽倒。世上财多赚不尽，朝里官多做不了。官大钱多身转劳，落得自家头白早。请君细看眼前人，年年一分埋青草。草里多多少少坟，一年一半无人扫。

[译文] 人活七十古来稀，除掉幼年和老年，中间的时光便没有太多了，又有各种变化和烦忧。月到中秋分外明，清明节时花开得更盛，花前月下大声唱歌，马上就把酒杯倒满。世间的钱挣不完，朝廷里的官也做不到尽头，官大钱多就会疲惫，最后落个胡子和头发全白了。请你仔细看看身边和眼前的人，每年都有十分之一的人去世，草里多了很多新坟，有一半没有人去清扫。

[赏析] 人生苦短，不要在一些没有意义的事情上浪费时间。

86. [原文] 饥乃加餐，菜食美于珍味；倦然后睡，草蓐胜似重裀。

[译文] 饿的时候加一顿饭，饭菜便美；累的时候入睡，就算垫的是草垫子也比两层褥子好。

[赏析] 只有能适应各种环境，才能享受各种快乐。

87. [原文] 流水相忘游鱼，游鱼相忘流水，即此便是天机；太空不碍浮云，浮云不碍太空，何处别有佛性？

[译文] 流水忘了水里游动的鱼儿，鱼儿也忘了流水，这就是天机；天空阻碍不了浮云，浮云也阻碍不了天空，何处有这样的佛性呢？

[赏析] 自然能容天下事物，人的胸怀也应如此。

88. [原文] 丹山碧水之乡，月涧云龛之品，涤烦消渴，功诚不在芝术下。

[译文] 武夷山一带的山水，山高岩凹，常年云雾缭绕，也因此出好茶。茶可洗涤烦恼，消除干渴，其功效不在灵丹仙草之下。

[赏析] 山村的美，可以直抵人心。

89. [原文] 颇怀古人之风，愧无素屏之赐，则青山白云，何在非我枕屏。

[译文] 非常怀念古人的气度，惭愧没有白色屏风送给古人。只是白云和青山不是我的屏风和枕头。

[赏析] 只要心中有白云青山，何处不能安放我的枕头？

90. [原文] 江山风月，本无常主，闲者便是主人。

[译文] 风月和江山，本来就没有固定的主人。闲下来的人就是它的主人。

[赏析] 离开自然太久了，人会变得麻木。

91. [原文] 被衲持钵，作发僧行径，以鸡鸣当檀越，以枯管当筇杖，以饭颗当祇园，以岩云野鹤当伴侣，以背锦奚奴当行脚头陀，往探六六奇峰，三三曲水。

[译文] 拿着钵、披着衲衣，一副带发僧人的模样：把鸡鸣当施主，把枯干的竹管当筇杖，把饭颗山当作祇园精舍，把岩上的野鹤闲云当伙伴，将身着锦背的奴仆当行脚的头陀，去探访少林三十六峰，行遍武夷九曲之水。

[赏析] 寻山访水，越简单越好。

92. [原文] 山房置一钟，每于清晨良宵之下，用以节歌，令人朝夕清心，动念和平。李秃谓："有杂想，一击遂忘；有愁思，一撞遂扫。"知音哉！

[译文] 把一口钟放在寺庙里，早上和晚上为诵经人打节拍，让人早晚都心净，心里念着和平。李贽说："如果有私心杂念，钟敲响后就忘掉了。有烦忧，一撞钟就没了。"他真是我的知音。

[赏析] 有时间可以去寺庙感受一下宁静的感觉。

93. [原文] 林泉之浒，风飘万点，清露晨流，新桐初引，萧然无事，闲扫落花，足散人怀。

[译文] 林间的泉水边上，风吹起万点波纹，早晨的露珠和流泉，刚种下的桐树冒出了新芽，空闲之时扫一下院里的落花，可以令人忘掉烦忧。

[赏析] 人闲桂花落，夜静春山空。

94. [原文] 浮云出岫，绝壁天悬，日月清朗，不无微云点缀。看云飞轩轩霞举，踞胡床与友人咏谑，不复滓秽太清。

[译文] 浮云飘出山外，绝壁悬在空中，日明清朗，微云点缀。看着远去

的云彩飞动着，如同跳舞的彩霞。盘坐在凳子上与好友玩闹，不把这块清净地污染。

［赏析］心修炼好了，眼中便满是美景。

95. ［原文］山房之磬，虽非绿玉，沉明轻清之韵，尽可节清歌、洗俗耳。山居之乐，颇惬冷趣，煨落叶为红炉，况负暄于岩户。土鼓催梅，荻灰暖地，虽潜凛以萧索，见素柯之凌岁。同云不流，舞雪如醉，野因旷而冷舒，山以静而不晦。枯鱼在悬，浊酒已注，朋徒我从，寒盟可固。不惊岁暮于天涯，即是挟纩于孤屿。

［译文］寺里的磬，虽不是绿玉制成的，但也有微绿的韵味，可以为信佛的凡人打节拍，洗涤耳朵。山居之乐，在于清冷，落叶落在火炉里发出红色火焰，这跟在太阳下取暖是一样的。自己制作的土鼓催着梅花，荻芦的灰烬暖着大地，虽然寒冷、萧索，常绿的树枝傲视冬天。一色的云彩仿佛静止，飘舞的雪花令人沉醉，田野因空旷而冷清、舒缓，山间幽静却又不显得晦暗。烤着干鱼，倒满米酒，和好友一道在寒冷里照顾对方，友谊更进一步。不管何时何地，年终天涯，友情都是孤寂中的温暖。

［赏析］珍惜友情，就是珍惜温暖。

96. ［原文］步障锦千层，氍毹紫万叠，何似编叶成帷，聚茵为褥？绿阴流影清入神，香气氤氲彻入骨，坐来天地一时宽，闲放风流晓清福。

［译文］锦布千层的帐幕，紫云万叠的毛毯，怎比得上将叶子编成帏帐，把成片的绿草变成褥垫？绿地的阴影和流水的样子可以让心灵变清新，香气让骨髓变得舒畅。坐下来天地都变得很广阔，悠闲潇洒才明白清福是什么。

［赏析］走出自己的小天地，看看世界什么样。

97. [原文] 送春而血泪满腮，悲秋而红颜惨目。

[译文] 把春天送走，让人伤心；悲秋之时，漂亮的脸庞也会变得凄白。

[赏析] 每个人的一生之中都要经历很多事情，有些事情会随着时间流逝而淡化、消失，可有些事情却永远地在心底留下了伤痕。但不管如何，我们都应控制好自己的情绪，管理好自己的心态，这样我们才能走好接下来的人生路。

98. [原文] 郊中野坐，固可班荆；径里闲谈，最宜拂石。侵云烟而独冷，移开清啸胡床；藉草木以成幽，撤去庄严莲界。况乃枕琴夜奏，逸韵更扬；置局午敲，清声甚远；洵幽栖之胜事，野客之虚位也。

[译文] 在郊外山中坐着，可以垫着荆条；在小路上聊天，可以用脚拂动碎石。云烟逼近，感觉寒冷，就移开胡床，大声唱歌。借用草木成幽境，离开严肃的佛家境界。还可以用琴在夜里弹奏，声音悠扬；设置棋局，中午时下一盘，棋子的声音传得很远。这的确是隐居冶游的胜事，山林野客的闲趣。

[赏析] 随缘，是豁达。

99. [原文] 饮酒不可认真，认真则大醉，大醉则神魂昏乱。在《书》为沉湎，在《诗》为童羖，在《礼》为豢豕，在史为狂药。何如但取半酣，与风月为侣？

[译文] 喝酒不能太认真，认真就会大醉，醉了就会神魂颠倒。《尚书》中禁止饮酒过度，《诗经》中认为酒使人胡言乱语，《礼记》中认为酒滋生祸端，史书中视酒为"狂药"。哪里比得上半醉，把风月当好友呢？

[赏析] 喝酒也得有个度，微醺最好。

100. [原文] 家鸳鸯湖滨，饶兼葭凫鹭，水月淡荡之观。客啸渔歌，风帆烟艇,虚无出没,半落几上。呼野衲而泛斜阳,无过此矣!

[译文]居住在鸳鸯湖边上,蒹葭、凫鸟、鹭鸟、芦苇和月光组成了一幅美景。客人大声唱歌,渔船在浪潮里撑着风帆忽隐忽现,一会儿落下一会儿又升起。与云游僧人一起在斜阳里划船,没有比这更惬意的事了。

[赏析]渔舟唱晚,是渔人的生活之趣。

101.[原文]雨后卷帘看霁色,却疑苔影上花来。

[译文]雨后卷帘看天色,却怀疑青苔的影子映在花上。

[赏析]有时候,雨后初晴比晴天更美。

102.[原文]月夜焚香,古桐三弄,便觉万虑都忘,妄想尽绝。试看香是何味?烟是何色?穿窗之白是何影?指下之余是何音?恬然乐之而悠然忘之者,是何趣?不可思量处,是何境?

[译文]月夜里点上香,弹三遍古琴,便感觉万种烦恼都没了,妄想也没了。试着看一下香是什么味道?烟是什么颜色?从窗子里照进来的白色是什么的影子?手指弹出的余音是什么?恬静喜悦而又悠然忘记这是一种什么乐趣?没有办法想明白,这又是一种什么境界?

[赏析]淡然处之,别人给你的烦恼便没有了存在的意义。

103.[原文]贝叶之歌无碍,莲花之心不染。

[译文]读经的声音没有挂碍,佛家的心没被污染。

[赏析]心中有佛,何必日日烧香?

104.[原文]河边共指星为客,花里空瞻月是卿。

[译文]在河边一起将星星视为客人,在花丛里看月亮,把月亮当作好友。

[赏析] 孤独时，请把星星、月亮当朋友，他们是你忠实的倾听者。

105. [原文] 人之交友，不出"趣味"两字，有以趣胜者，有以味胜者。然宁饶于味，而无饶于趣。

[译文] 和别人交友，离不开"趣味"两字。有用兴趣赢得人心的，有用意味赢取人心的。但是宁可亲近于意味，也不要亲近于兴趣。

[赏析] 交朋友也要有技巧，要因人而异。

106. [原文] 守恬淡以养道，处卑下以养德，去嗔怒以养性，薄滋味以养气。

[译文] 安守恬淡以修身养道，处境卑微以修养其德，除掉怒气以修身养性，减少对滋味的追求以修养气息。

[赏析] 不被外物影响，才是修身养性的高境界。

107. [原文] 吾本薄福人，宜行惜福事；吾本薄德人，宜行厚德事。

[译文] 我本福气浅薄的人，应多做珍惜福分的事。我本德行浅薄的人，应多做积德的事情。

[赏析] 惜福和行善，才有厚报。

108. [原文] 知天地皆逆旅，不必更求顺境；视众生皆眷属，所以转成冤家。

[译文] 了解人生的天地本来就是一段艰难的旅程，就没有必要强求顺境；把老百姓当成我们的家人，因此就成了冤家。

[赏析] 要从容对待顺境和逆境，要守住自己的心。

109. [原文] 只愁名字有人知，涧边幽草；若问清盟谁可托，沙上闲鸥。山童率草木之性，与鹤同眠；奚奴领歌咏之情，检韵而至。闭户读书，绝胜入山修道；逢人说法，全输兀坐扪心。

[译文] 只担心姓名有人知道，其实知道的只有涧边的小草；如果问志向可向谁托付，只有沙滩上悠闲的沙鸥。山里的儿童了解大自然的秉性，和鹤同睡；女奴掌握了唱歌的情感，使歌声按着韵律来。关门看书，绝对比得过到山里修道。逢人就说佛法，完全输给了扪心自省。

[赏析] 修为是为自己，不是修给别人看的。

110. [原文] 步明月于天衢，览锦云于江阁。

[译文] 在宽阔的街上边走边赏月，在江边楼台上看云朵像锦缎一样。

[赏析] 赏云望月，一个人最合适。

111. [原文] 幽人清课，讵但啜茗焚香；雅士高盟，不在题诗挥翰。

[译文] 隐居的人很清淡，怎么能只是喝茶和焚香？读书人聚会，并不在乎写诗画画。

[赏析] 隐士的生活也有茶、香之外的乐趣。

112. [原文] 以养花之情自养，则风情日闲；以调鹤之性自调，则真性自美。

[译文] 用养花的心情来修养自身，生活中到处都是闲适；用调教鹤性的方法来自我调节，性情就会变得完美。

[赏析] 养花是修养性情的好方法。

113. [原文] 热汤如沸，茶不胜酒；幽韵如云，酒不胜茶。茶类隐，酒类侠。酒固道广，茶亦德素。

[译文] 若论使人振奋，茶不如酒；若论余味悠长，酒不如茶，茶像隐士，酒像侠客。酒的功效固然很大，但茶也因素雅为人称赞。

[赏析] 酒茶各有千秋，关键看对象和场合。

114. [原文] 老去自觉万缘都尽，那管人是人非；春来倘有一事关心，只在花开花谢。

[译文] 年老时觉得万种尘缘到了头，不管人是人非。春天来时，如还有一些需要关心的事，那就是花开花谢。

[赏析] 看花开花落，少论世间是非。

115. [原文] 是非场里，出入逍遥；顺逆境中，纵横自在。竹密何妨水过，山高不碍云飞。

[译文] 能在是非场里进出自由，能在顺逆境中自在穿行。密集的竹枝怎么可能拦住流水，山高也阻挡不了云朵。

[赏析] 大肚能容，容天下难容之事。此为修行。

116. [原文] 口中不设雌黄，眉端不挂烦恼，可称烟火神仙；随意而栽花柳，适性以养禽鱼，此是山林经济。

[译文] 不说是非的话，不把烦恼挂在眉梢，就是人间烟火里的神仙。随便栽一些花柳，养一些鸡鸭鱼，这正是在山林中经邦济世的行为。

[赏析] 不轻易断是非，不要太在乎身外之物。

117. [原文] 午睡醒来，颓然自废，身世庶几浑忘；晚炊既收，寂然无营，烟火听其更举。

[译文]正午时睡醒，一点精神也没有，几乎忘了自己的身世；晚饭做好了，厨房没了声音，听任炊烟四散。

[赏析]睡个午觉，好好地吃顿饭，这样简单的事，在很多人看来都是奢侈。

118.[原文]花开花落春不管，拂意事休对人言；水暖水寒鱼自知，会心处还期独赏。

[译文]花开花谢的事，春天不管，违背意愿的事，不要对人说。水的冷暖只有鱼知道，会心时还是希望一个人欣赏。

[赏析]有些事情无法言说，有些情感冷暖自知。

119.[原文]心地上无风涛，随在皆青山绿水；性天中有化育，触处见鱼跃鸢飞。

[译文]心无风浪，到处都是绿水青山。天性里有纯善，接触的地方都任凭鱼跃鹰飞。

[赏析]没有欲望才能心气平和。

120.[原文]宠辱不惊，闲看庭前花开花落；去留无意，漫随天外云卷云舒。斗室中万虑都捐，说甚画栋飞云，珠帘卷雨；三杯后一真自得，谁知素弦横月，短笛吟风。

[译文]宠辱不惊，悠闲地看花开花谢。离开或留下来都无目的，散漫地跟随着天外的云卷云舒。小屋里的烦恼都抛走，说什么在横梁上画飞云，在雨中卷珠帘？三杯喝下去就知道自我，谁知道对着月亮弹琴，短笛吹奏着风的声音。

[赏析]宠辱不惊，遇事不慌。有些东西，是可以留给后人评说的。

121. [原文] 得趣不在多，盆池拳石间，烟霞具足；会景不在远，蓬窗竹屋下，风月自赊。

[译文] 得到的乐趣不在多少，只在盆池拳石的小景中，这里风景俱备。美景都聚集在一起也不远，蓬草扎的窗户，竹子修的屋下，有很多风景。

[赏析] 只要心闲，什么快乐都会有。

122. [原文] 会得个中趣，五湖之烟月尽入寸衷；破得眼前机，千古之英雄都归掌握。

[译文] 能领悟其中的乐趣，五湖的明月和风烟都可装进心里；解开眼前的玄机，古往今来的英雄都归你掌控。

[赏析] 看透世事，明白道理，就能豁然开朗。

123. [原文] 细雨闲开卷，微风独弄琴。

[译文] 细雨里打开书，微风里一个人弹琴。

[赏析] 雨中看书，风里弹琴，惬意！

124. [原文] 水流任意景常静，花落虽频心自闲。

[译文] 任凭水流随意，景色恬静，虽然花朵常会飘落，心灵依然闲适。

[赏析] 不被外物打扰，心就安闲了。

125. [原文] 残曛供白醉，傲他附热之蛾；一枕余黑甜，输却分香之蝶。闲为水竹云山主，静得风花雪月权。

[译文] 落日的余晖照着喝醉的人，傲视着扑火的飞蛾。在枕头上睡得很香，不理会那些分取花香的蝴蝶。悠闲地做着小溪、竹林、云彩、山野的主

人翁，宁静里得到拥有风花雪月的大权。

［赏析］自寻快乐，但要保持清醒。

126.［原文］半幅花笺入手，剪裁就腊雪春冰；一条竹杖随身，收拾尽燕云楚水。

［译文］把半张纸放到手中剪裁，就是腊月的雪、春天的冰。随身携带一根竹杖，看遍了燕国的云、楚地的水。

［赏析］人生在世，万不能少了闲情逸致。

127.［原文］心与竹俱空，问是非何处安觉；貌偕松共瘦，知忧喜无由上眉。

［译文］心跟竹都是空的，试问还有哪里可以容下是非？身体和松树一般瘦，就明白了烦忧和开心都没理由升上眉头。

［赏析］我们要做一个喜怒有度的人，做自己的主人。

128.［原文］芳菲林圃看蜂忙，觑破几多尘情世态；寂寞衡茆观燕寝，发起一种冷趣幽思。

［译文］在林间看蜜蜂采蜜，看破了世间百态。在孤寂的小屋看小燕回窝，生出一种幽思之趣。

［赏析］燕子从来不嫌贫爱富，看看它们，心情会变得舒畅。

129.［原文］何地非真境？何物非真机？芳园半亩，便是旧金谷；流水一湾，便是小桃源。林中野鸟数声，便是一部清鼓吹；溪上闲云几片，便是一幅真画图。

［译文］什么地方不是真境？什么事情没有真理？半亩小园，就是晋代富

豪石崇的金谷园；一湾流水，就是一个小的世外桃源。树林里野鸟在鸣叫，就是一首鼓吹曲；小溪上的几片云朵，组成了一幅真图画。

[赏析] 只要把心敞开，你就是富翁和隐士。

130. [原文] 人在病中，百念灰冷，虽有富贵，欲享不可，反羡贫贱而健者。是故人能于无事时常作病想，一切名利之心，自然扫去。

[译文] 生病时任何念头都变得灰冷，虽然富贵，却不能享受，反而很羡慕那些穷困但身体健康的人。因此，人在无事的时候要常常想到隐患，所有的功利心就会被扫去了。

[赏析] 不管贫富，身体健康为第一要义。

131. [原文] 竹影入帘，蕉阴荫槛，故蒲团一卧，不知身在冰壶鲛室。

[译文] 竹子的影子映到帘子里，芭蕉的阴影遮住了门槛。这时，在蒲团上一倒，不知道身体是在冰壶还是龙宫。

[赏析] 与自然亲近，你会忘记一切忧愁。

132. [原文] 万壑松涛，乔柯飞颖，风来鼓飔，谡谡有秋江八月声，迢递幽岩之下，披襟当之，不知是羲皇上人。

[译文] 山谷绵延起伏，松树互相拍打发出波涛一样的声音，树梢摇动，飔风刮过来，谡谡劲吹与八月秋天的江涛声合二为一，不断吹到幽深的石头下面，披上外套挡住它，还以为自己是羲皇上人。

[赏析] 心不动，风就不会动。

133. [原文] 霜降木落时，入疏林深处，坐树根上，飘飘叶点衣袖，而野鸟从梢飞来窥人。荒凉之地，殊有清旷之致。

[译文] 秋霜、树叶落下时，到树林深处，坐在树根之上。用落叶装饰衣袖，野鸟在树梢飞过，还在偷看人。这荒芜的地方，有一种特别清新的感觉。

[赏析] 秋天落叶，总能让人泛起愁思。

134. [原文] 明窗之下，罗列图史琴尊以自娱。有兴则泛小舟，吟啸览古于江山之间。渚茶野酿，足以消忧；莼鲈稻蟹，足以适口。又多高僧隐士，佛庙绝胜。家有园林，珍花奇石，曲沼高台，鱼鸟流连，不觉日暮。

[译文] 明亮的窗户下面，放着书、琴和酒具，可用来自我娱乐。兴致高就去划船，在山川河流里游览风景。新茶和自酿的土酒，可将忧愁消除。莼菜、鲈鱼、稻谷、螃蟹，可填饱肚子。有很多高僧和隐士，寺庙很漂亮。家里有园林和奇珍异石，曲折的水池和高楼台，鱼和鸟都忘掉回家了，不觉间太阳已落山。

[赏析] 仙境在哪儿？就在你的身边。

135. [原文] 山中莳花种草，足以自娱，而地朴人荒，泉石都无，丝竹绝响，奇士雅客亦不复过，未免寂寞度日。然泉石以水竹代，丝竹以莺舌蛙吹代，奇士雅客以蠹简代，亦略相当。

[译文] 在山里，花草可娱乐。但是地荒人少，没有泉水和奇怪的石头，没人会弹乐器了，奇人雅士也不再来，这样的日子很孤寂。但是可以用水和竹来代替泉石，用鸟鸣蛙声代替乐器，可以用被虫咬过的图书代替文人雅士，也差不多。

[赏析] 在山里独居久了也会想念城市生活。

136. [原文] 闲中觅伴书为上，身外无求睡最安。

[译文] 闲的时候把书当伴，是最好的方式；身外没有太多要求，睡觉是

最安稳的事。

[赏析] 读书之后，应该付诸实践。

137. [原文] 栽花种竹，未必果出闲人。对酒当歌，难道便称侠士？

[译文] 栽花、种竹，不一定都出闲人。喝酒唱歌，难道就是侠士？

[赏析] 不做附庸风雅的人，一切听从心的呼唤。

138. [原文] 帝子之望巫阳，远山过雨；王孙之别南浦，芳草连天。

[译文] 君王望着巫山，远处的山刚下过雨。王孙公子在南浦送别，芳草一望无际。

[赏析] 有情之人的眼中，天天都是晴天。

139. [原文] 室距桃源，晨夕恒滋兰蕙；门开杜径，往来惟有羊裘。

[译文] 住的地方紧挨着世外桃源，每天天一亮就给荷花浇水；大门开在谢绝别人的小道上，只有一些隐士来往。

[赏析] 世外桃源只是一个虚构的世界，人终究要回归社会。

140. [原文] 枕长林而披史，松子为餐；入丰草以投闲，蒲根可服。

[译文] 枕着长林披阅史书，把松子当饭；走到草很茂盛的地方，可吃蒲草的根。

[赏析] 自然赐予我们的东西已经很丰富了，人不可得寸进尺。

141. [原文] 一泓溪水柳分开，尽道清虚搅破；三月林光花带去，莫言香分消残。

[译文] 柳树分开了一湾溪水，都说搅破了清虚的境界；三月的林中色彩

被花带走了，不要说香气只留下了一点。

[赏析] 花开花落是大自然的规律，我们没有必要伤春悲秋。

142. [原文] 萧斋香炉，书史酒器俱捐；北窗石枕，松风茶铛将沸。

[译文] 萧条的斋房香炉，图书酒器都送人了；北面的窗前是石枕，茶锅要沸腾了。

[赏析] 烦恼大多是自找的。

143. [原文] 明月可人，清风披坐，班荆问水，天涯韵士高人，下箸佐觞，品外涧毛溪薪，主之荣也。高轩寒户，肥马嘶门，命酒呼茶，声势惊神震鬼。叠筵累几，珍奇罄地穷天，客之辱也。

[译文] 明月怡人，坐着吹风，和好友聊天，都是天下的文人和高士。用采下酒佐饮的，是不在品级等第的山涧中出产的水藻和菜蔬之类，这是主人的荣耀。高大的房屋，森严的大门，壮马在门外嘶叫，又斗酒又喝茶，声势惊动了鬼神。盘子和碗都叠放在桌上，搜尽了天下的美味，这是对来客的侮辱。

[赏析] 真朋友，粗茶淡饭也能畅叙友情。

144. [原文] 坐茂树以终日，濯清流以自洁。采于山，美可茹；钓于水，鲜可食。

[译文] 在茂盛的树下坐到傍晚，在清澈的流水中洗个澡。在山上采野味，味道上佳，可以品尝；刚钓出的鱼很新鲜，可以直接吃。

[赏析] 临渊羡鱼，不如退而结网。你羡慕山林生活吗？你敢试一试吗？

145. [原文] 年年落第，春风徒泣于迁莺；处处羁游，夜雨空悲于断雁。

金壶霏润，瑶管春容。

[译文] 每年都落榜，春风白为飞走的鸟儿哭泣。到处羁旅，夜里的雨白为离群的大雁悲伤。金壶漫出美酒的香味，瑶管奏出悠扬的乐声。

[赏析] 年年落第空悲伤，人生不止一条路。

146. [原文] 暖风春座酒，细雨夜窗棋。

[译文] 在温暖的春风里坐着喝酒，在连绵细雨的夜晚靠着窗下棋。

[赏析] 抛开一切，听听下雨的声音吧！

147. [原文] 秋冬之交，夜静独坐，每闻风雨潇潇，既凄然可愁，亦复悠然可喜。至酒醒灯昏之际，尤难为怀。

[译文] 秋冬交替的夜晚，一个人坐着，每次听到风雨的声音，就感觉凄凉和忧愁，但也一定会有相反的悠然可喜的事情。到了酒醒了、灯都灭了的时候，仍然难以释怀。

[赏析] 一个人一定要有自己的目标，这样就不会感觉到孤独、寂寞，不会因为伤春悲秋，不会因为外界环境的变化而烦扰。因为目标会给人带来信心、希望，会让人勇敢地走下去。

148. [原文] 风起思莼，张季鹰之胸怀落落；春回到柳，陶渊明之兴致翩翩。然此二人，薄宦投簪，吾犹嗟其太晚。

[译文] 起风时想到了莼菜，张季鹰的胸怀坦荡；春风拂过柳树，陶渊明的兴致正高。然而这二人不重视官位，甚至辞了官，我还是感慨太迟了。

[赏析] 身居官场不与坏人同流合污，才是真名士。

149. [原文] 黄花红树，春不如秋；白雪青松，冬亦胜夏。

[译文] 菊花绽放，红叶挂满树枝，春天比不上秋天；满地白雪，青松苍翠，冬天比夏天好。

[赏析] 每个季节都有自己独特的美。

150. [原文] 听牧唱樵歌，洗尽五年尘土肠胃；奏繁弦急管，何如一派山水清音。

[译文] 听牧童和樵夫唱歌，洗去了五年来肚中的灰尘；演奏着复杂的琴弦和急促的箫管，怎么可能比得上大自然里的声音？

[赏析] 大自然的声音才最纯真，只是我们很难听到了。

151. [原文] 孑然一身，萧然四壁，有识者当此，虽未免以冷淡成愁，断不以寂寞生悔。

[译文] 独身一个人，家里四壁皆空。有见识的人在此，虽然因冷清而忧愁，却不会因孤独而后悔。

[赏析] 学会品味一个人的生活，学会一个人成长。

152. [原文] 从五更枕席上参看心体，心未动，情未萌，才见本来面目；向三时饮食中谙练世味，浓不欣，淡不厌，方为切实功夫。

[译文] 五更时在床上研究自己的身心：没有激动，情感没有萌生，才可以见到本来的面目。在三餐饭里认识世间的味道：浓的不开心，淡的也不放弃，这才是扎实的本领。

[赏析] 三省自身，认清自己，不以物喜，不以己悲。

153. [原文] 瓦枕石榻，得趣处下界有仙；木食草衣，随缘时西方无佛。

[译文] 把瓦当枕头，把石头当床，能得到乐趣的人就是下凡的神仙；吃

山里的野果，把茅草当衣服披上，任何事都顺其自然，就是此地的佛。

[赏析] 仙也好，佛也罢，做真人、说真话才最重要。

154. [原文] 当乐境而不能享者，毕竟是薄福之人；当苦境而反觉甘者，方才是真修之士。

[译文] 在幸福快乐的环境里却不能享受的人，说到底是福气薄的人；在困难的环境里觉得甘甜的人才是真正修行的人士。

[赏析] 灵活对待快乐和苦难的人，才是真修行。

155. [原文] 偶向水村江郭，放不系之舟；还从沙岸草桥，吹无孔之笛。

[译文] 偶尔向江里放出不系绳子的小船，还在沙滩边草桥上吹没有孔的笛子。

[赏析] 生活需要自己放点调味品。

156. [原文] 善救时，若和风之消酷暑；能脱俗，似淡月之映轻云。

[译文] 擅长自我救赎的时候，如同柔和的风吹走暑气；能够超凡脱俗，就像清淡的月光映着云彩。

[赏析] 摆脱俗事、自我救赎，可以让生命有长度和宽度。

157. [原文] 廉所以惩贪，我果不贪，何必标一廉名，以来贪夫之侧目；让所以息争，我果不争，又何必立一让名，以致暴客之弯弓？

[译文] 廉洁是用来惩治贪污之人的，我本来就不贪，为什么要写一个廉字，引来贪者侧目？谦让可以平息争夺，我本来就不喜争夺，何必写一个让字，招来暴争者的武力呢？

[赏析] 清廉是要付诸实践的，不是挂在嘴边、写在纸上的。

158. [原文] 曲高每生寡和之嫌，歌唱需求同调；眉修多取入宫之妒，梳洗切莫倾城。

[译文] 调不可太高深，否则能跟着唱的人很少，唱歌必须合调。打扮太漂亮了进宫会遭嫉妒，梳洗也不用太美。

[赏析] 任何时候、任何地方都要学会低调。

159. [原文] 随缘便是遣缘，似舞蝶与飞花共适；顺事自然无事，若满月偕盆水同圆。

[译文] 一切随缘就是操控机缘，就好像蝴蝶飞舞，落花飘飞一样，都只是适应机缘；万事顺其自然就会没事，就好像满月与盛水之盆一样都是圆的。

[赏析] 一切随缘，顺事而为。

160. [原文] 耳根似飙谷投响，过而不留，则是非俱谢；心境如月池浸色，空而不着，则物我两忘。

[译文] 耳朵像深谷里投出的声响，过而不留，则是非就不会存在。心境如同月亮在水池里染色，空而未着，就可以达到物我两忘的状态。

[赏析] 不将是非放进耳朵来，心就没有负担。

第六章 景——风花雪月，你要用心寻觅

[原文] 结庐松竹之间，闲云封户；徙倚青林之下，花瓣沾衣。芳草盈阶，茶烟几缕；春光满眼，黄鸟一声。此时可以诗，可以画，而正恐诗不尽言，画不尽意。而高人韵士，能以片言数语尽之者，则谓之诗可，谓之画可，谓高人韵士之诗画亦无不可。集景第六。

[译文] 房子建在松竹林间，悠闲的云朵遮住大门；徘徊在绿林下面，衣服沾满了花瓣。台阶上长满了芳草，煮茶的烟气升起几缕；满眼的春光，黄鸟叫了一声。这个时候可以写诗画画，最担心的是诗不能写尽想说的话，画不能画尽所想。高明的人可以用几句话就表达清楚，称之为诗可以，称之为画也可以，称为高人韵士的诗画也没有什么不可。这是第六章。

[赏析] 心情好，灵感妙，诗歌自来，画作自佳。

1.［原文］花关曲折，云来不认湾头；草径幽深，落叶但敲门扇。

［译文］鲜花布满了弯曲的关山，白云飘来却辨认不了方向；芳草遮住了幽深的小路，落叶不停地敲打柴门。

［赏析］美丽的风景只有当我们静下心来才能欣赏得到，才能品得出其中的味道。现实生活让我们越来越不懂得欣赏身边的风景。这样会错失很多美好，因此，停一停、望一望，我们会发现生活中充满了各种小惊喜。

2.［原文］细草微风，两岸晚山迎短棹；垂杨残月，一江春水送行舟。

［译文］纤细的小草，和煦的微风，夜晚两岸的青山迎接小船；河边垂杨、晓风残月，一江春水将远行的小船送走。

［赏析］送别总是让人伤心的，因此，我们更应珍惜相聚的时刻。珍惜眼下的每一天，珍惜身边的每一个人。

3.［原文］草色伴河桥，锦缆晓牵三竺雨；花阴连野寺，布帆晴挂六桥烟。

［译文］碧绿的草与河上的小桥做伴，缆绳在拂晓时牵动天竺山的细雨；花连着山里的寺院，帆在晴天里挂着六桥的云烟。

［赏析］诗意总在晨光和落日里。

4.［原文］闲步畎亩间，垂柳飘风，新秧翻浪，耕夫荷农器，长歌相应，牧童稚子，倒骑牛背，短笛无腔，吹之不休，大有野趣。

[译文] 漫步在田垄间，看垂柳迎风，新种下的秧苗随风起伏，形如波浪；农民扛着农具，唱着歌；放牛的小孩倒骑在牛背上，短笛没有固定腔调，响个不停，野趣横生。

[赏析] 在乡村，日子变得很慢很慢。

5. [原文] 夜阑人静，携一童立于清溪之畔，孤鹤忽唳，鱼跃有声，清入肌骨。

[译文] 夜深人静，带一童子站在溪边。一只鹤突然叫起来，鱼在水中跳跃，发出声音，一股清凉的感觉直入肌骨。

[赏析] 水是会说话的风景。

6. [原文] 垂柳小桥，纸窗竹屋，焚香燕坐，手握道书一卷，客来则寻常茶具，本色清言，日暮乃归，不知马蹄为何物。

[译文] 垂柳、小桥，有纸窗的小屋，点着香端坐着，手里拿着一卷经书。有客来就用寻常的茶具，随意闲聊。太阳落山时回家，心情不受到束缚。

[赏析] 有香、有茶、有书、有朋友，生活别无他求。

7. [原文] 门内有径，径欲曲；径转有屏，屏欲小；屏进有阶，阶欲平；阶畔有花，花欲鲜；花外有墙，墙欲低；墙内有松，松欲古；松底有石，石欲怪；石面有亭，亭欲朴；亭后有竹，竹欲疏；竹尽有室，室欲幽；室旁有路，路欲分；路合有桥，桥欲危；桥边有树，树欲高；树阴有草，草欲青；草上有渠，渠欲细；渠引有泉，泉欲瀑；泉去有山，山欲深；山下有屋，屋欲方；屋角有圃，圃欲宽；圃中有鹤，鹤欲舞；鹤报有客，客不俗；客至有酒，酒欲不却；酒行有醉，醉欲不归。

［译文］门内有小径，小径弯曲；小径弯曲处有屏风，屏风要小；屏风后有石阶，石阶要平；石阶旁有花，花色要艳；花外有墙，墙要低矮；墙内有松，松要古；松下有石，石要奇；石上有亭，亭要简；亭后有竹，竹要稀；竹林尽头要有房屋，房屋要清幽；房屋旁有路，路要有很多分岔；岔道汇合处有桥，桥要险；桥边有树，树要高；树荫下有草，草要青；草地上要有水渠，水渠要细长；水渠的源头有泉，泉要有瀑布；泉水的出处有山，山要幽深；山下有屋，屋要方正；屋角有园，园要宽阔；园中有鹤，鹤在舞；鹤鸣有客，客非普通人；客来要有酒，喝酒不要推脱；要醉，醉后不归。

［赏析］这是一座文人雅士的庭院。

8.［原文］清晨林鸟争鸣，唤醒一枕春梦。独黄鹂百舌，抑扬高下，最可人意。

［译文］清晨林中百鸟争鸣，唤醒我的春梦；黄鹂、百舌叫得最勤，抑扬顿挫，最合人心。

［赏析］鸟鸣中，世界变得安静。

9.［原文］高峰入云，清流见底。两岸石壁，五色交辉；青林翠竹，四时俱备。晓雾将歇，猿鸟乱鸣；日夕欲颓，池鳞竞跃。实欲界之仙都，自康乐以来，未有能与其奇者。

［译文］高峰直入云霄，流水清澈。两岸石壁耸立，五色交相辉映；苍翠树林，青青的竹子，这样的景色四季常有。早上的雾气马上要散去，猿猴、小鸟叫声四起；夕阳西下，池中的鱼儿竞相浮出水面。这是人间仙境，自东晋谢灵运以来，还没有人发现这奇特的境界。

［赏析］学学谢灵运，与山水交朋友。

10.［原文］曲径烟深，路接杏花酒舍；澄江日落，门通杨柳渔家。

［译文］曲折迂回的小路因蒙上了一层云气更显幽深，小路连着杏花丛里的酒家；清澈的江面上太阳落了下来，大门通向杨柳树后的渔家。

［赏析］美酒、鲜鱼，乐不思蜀。

11.［原文］长松怪石，去墟落不下一二十里。鸟径缘崖，涉水于草莽间数四。左右两三家相望，鸡犬之声相闻。竹篱草舍，燕处其间，兰菊艺之，霜月春风，日有余思。临水时种桃梅，儿童婢仆皆布衣短褐，以给薪水，酿村酒而饮之。案有诗书、庄周、太玄、楚辞、黄庭、阴符、楞严、圆觉数十卷而已。杖藜蹑屐，往来穷谷大川，听流水，看激湍，鉴澄潭，步危桥，坐茂树，探幽壑，升高峰，不亦乐乎！

［译文］青松怪石，距离村落不少于一二十里。小路沿着山崖蜿蜒开来，涉过小溪在草莽之间曲折前行。小路左右只有两三户人家远远相望，可以听到彼此的鸡鸣狗吠。竹篱笆、茅草屋，燕在其中，兰花秋菊在其中，秋月春风，每天都有值得回味的事。在水边种桃树、梅树，儿童、仆人穿着布衣短衫，以方便打柴汲水，自己酿酒而饮。几案上摆着诗书，有《庄子》《太玄》《楚辞》《黄庭经》《阴符经》《楞严经》《圆觉经》等。拄拐杖、穿木屐，走进深谷大川，听流水，看激流，在澄澈的清潭前照照，从危桥上走过，坐在繁茂的树下，探访幽静的山谷，攀登高峰，这不是很快乐的事吗？

［赏析］不顾一切，到山里走走吧！

12.［原文］天气晴朗，步出南郊野寺，沽酒饮之。半醉半醒，携僧上雨花台，看长江一线，风帆摇曳，钟山紫气，掩映黄屋，景趣满前，应接不暇。

［译文］天气晴朗，步行走出南郊的寺院，买来美酒喝个够。半醉半醒时，与和尚同登雨花台，看长江就像一条丝带，风帆摇动，钟山有紫气掩映

在宫殿上，眼前全是美景，令人应接不暇。

[赏析] 山水之趣，在于寻觅，在于攀登。

13. [原文] 净扫一室，用博山炉爇沉水香。香烟缕缕，直透心窍，最令人精神凝聚。

[译文] 把房间打扫干净，用博山炉烧沉水香。缕缕香烟直透心扉，最令人集中精神。

[赏析] 沉下心来，才能做好每一件事，比如泡茶。

14. [原文] 每登高丘，步邃谷，延留燕坐，见悬崖瀑流，寿木垂萝，阒邃岑寂之处，终日忘返。

[译文] 每次登山进谷，都要坐下休息，看看悬崖飞瀑、古藤老树，这样神秘幽深的地方叫人流连忘返。

[赏析] 美丽的风景总是让人流连忘返的。因为，风景不仅能使人放松、愉悦，更能使人的心灵得到净化和升华。

15. [原文] 柴门不扃，筠帘半卷，梁间紫燕，呢呢喃喃，飞出飞入。山人以啸咏佐之，皆各适其性。

[译文] 柴门不关，竹帘半卷，房梁上有燕子呢喃，飞出飞进。山中人以长啸来呼应它，各自有自己的秉性。

[赏析] 兴之所至，不要辜负。

16. [原文] 风晨月夕，客去后，蒲团可以双跏；烟岛云林，兴来时，竹杖何妨独往。

[译文] 有风的早晨、有月的夜里，来客走后，在蒲团上盘腿而坐。烟雾

笼罩小岛，雾气遮住树林，兴致来了为何不拄着竹杖一个人去看看？

[赏析] 现代人因为各种原因，无形当中在身上捆绑了各种枷锁挣脱不得，少有随心、随性的时刻。因此，我们要做的是解放自己，解放自己的天性，偶尔一次随兴而去、兴尽而归也是不错的。

17. [原文] 三径竹间，日华澹澹，固野客之良辰；一偏窗下，风雨潇潇，亦幽人之好景。

[译文] 隐居的竹房里，淡淡的阳光照进来，这固然是山里野客的好时光；偏窗下面，风雨潇潇，也是隐士眼中的美景。

[赏析] 山中有风雨，景色会更美。

18. [原文] 乔松十数株，修竹千余竿；青萝为墙垣，白石为鸟道；流水周于舍下，飞泉落于檐间；绿柳白莲，罗生池砌：时居其中，无不快心。

[译文] 十几株松树，千余竿竹子；以青萝为墙，白石为小道；流水围绕房舍，飞泉落在房檐前；绿柳环绕池边，白莲生于池内：住在这样的美景中，没有不愉快的。

[赏析] 远离山野的现代人，已经很难想象那份闲适了。

19. [原文] 人冷因花寂，湖虚受雨喧。

[译文] 花谢了让人感觉寒冷，湖水干了，只能接受喧嚣的雨水。

[赏析] 周围的景物随时影响着我们的心情。

20. [原文] 有屋数间，有田数亩；用盆为池，以瓮为牖；墙高于肩，室大于斗。布被暖余，藜藿饱后；气吐胸中，充塞宇宙，笔落人间，辉映琼玖。人能知止，以退为茂。我自不出，何退之有？心无妄想，足无妄走，人无妄交，物无妄受。炎炎论之，甘处其陋。绰绰言之，无出其右。羲轩之书，未尝去手，尧舜之谈，未尝离口。谭中和天，同乐易友。吟自在诗，饮欢喜酒。百年升平，不为不偶。七十康强，不为不寿。

〔译文〕有几间屋、几亩田。用盆当池，以瓮当窗，墙比肩高，房比斗大。用布被取暖后，简单的饭菜吃饱后，把心里的浊气吐出，瞬间满足感充满整个身心。用笔写人间，和美玉辉映。人要知道停止，以退为佳。我连门都不出，也就不需要退了。没有非分之想，没有走错路，交友有原则，不是什么东西都接受。合乎大道的言论，既美好又盛大，即便身居陋室也甘之如饴；往大了说，无人能比。伏羲和黄帝的书，从没离过手；尧舜的话，从没离过口。谈论的是中正平和的境界，结交的是温厚平易的朋友，在一起读自在的诗歌，开心喝酒。一生顺利，不做什么也不去适应什么。健康活到七十岁，就是长寿。

〔赏析〕居住在简陋的屋子里也要心怀天下大事。

21.〔原文〕中庭蕙草销雪，小苑梨花梦云。

〔译文〕庭中蕙草如消融的白雪，苑中梨花如梦中的白云。

〔赏析〕春天万物复苏，景色和心情都很美。

22.〔原文〕以江湖相期，烟霞相许；付同心之雅会，托意气之良游。或闭户读书，累月不出；或登山玩水，竟日忘归。斯贤达之素交，盖千秋之一遇。

〔译文〕相约江湖，烟霞为伴。将自己托付给志同道合、意气相投的朋友，与之一起雅聚云游。也可闭门数月不出，也可游山玩水至晚不归。与贤达之人交往，是千年一遇的事儿。

〔赏析〕君子之交，是心与心的交流。

23. [原文] 荫映岩流之际，偃息琴书之侧。寄心松竹，取乐鱼鸟，则淡泊之愿，于是毕矣。

[译文] 树荫洒落在山岩泉石上时，躺在琴瑟、书本旁边小憩，寄托心志于松竹，从飞鸟游鱼处获得乐趣，淡泊之愿便实现了。

[赏析] 在山间游玩，心自然变得淡泊。

24. [原文] 庭前幽花时发，披览既倦，每啜茗对之。香色撩人，吟思忽起，遂歌一古诗，以适清兴。

[译文] 庭院前的幽花不时开放，看书疲倦时就对着花，喝上几口香茗。花香沁人心脾，忽然产生吟咏的兴致，于是吟唱一首古诗，与清幽的兴致相和。

[赏析] 读书人的快乐，在于能自己创造快乐。

25. [原文] 凡静室，须前栽碧梧，后种翠竹，前檐放步，北用暗窗，春冬闭之，以避风雨，夏秋可开，以通凉爽。然碧梧之趣，春冬落叶，以舒负暄融和之乐，夏秋交荫，以蔽炎烁蒸烈之气，四时得宜，莫此为胜。

[译文] 凡是幽静之室，都应该在房前栽上梧桐，屋后种上竹子，屋室的前檐要宽，北面设成暗窗，春冬时关北窗，以避风雨，夏秋时打开，以通风凉爽。然而梧桐的意趣在于，春冬时树叶落了，可背对着太阳取暖；夏秋时交织成荫，以遮蔽烈日，四季各有所宜，没有什么比这更好的了。

[赏析] 一年四季从来都是生机盎然的，只是我们常常受古人诗词的影响而已。

26. [原文] 家有三亩园，花木郁郁。客来煮茗，谈上都贵游、人间可喜事，或茗寒酒冷，宾主相忘。其居与山谷相望，暇则步草径相寻。

[译文] 家有三亩花园，花木郁郁葱葱。有客来就煮茶，所谈论的都是达官贵人的云游、人间喜事，欢快得茶酒都凉了，客主都忘记了彼此的存在。居室与山谷相对，闲时散步探景。

[赏析] 有好友来访，山里也会变得热闹。

27. [原文] 良辰美景，春暖秋凉，负杖蹑履，逍遥自乐，临池观鱼，披林听鸟，酌酒一杯，弹琴一曲，求数刻之乐，庶几居常以待终。筑室数楹，编槿为篱，结茅为亭，以三亩荫竹树栽花果，二亩种蔬菜，四壁清旷，空诸所有，蓄山童灌园薅草，置二三胡床着亭下，挟书剑以伴孤寂，携琴弈以迟良友，此亦可以娱老。

[译文] 美好的时刻，美丽的景色，或在暖暖的春日，或在凉爽的秋天，拄着竹杖、穿着木屐，逍遥自乐。到池边观鱼跃，到林中听鸟鸣；喝一杯酒，弹一首曲，可以求得片刻的欢乐，也可以安享晚年。建几间居室，用木槿编成篱笆，用茅草搭成亭子。在竹林余荫处种花果、蔬菜，家徒四壁没什么储存，让小童灌溉园圃、拔草，把几把椅子放在亭子里，带着书剑打发孤寂，备好琴棋等好友，这也可以自我娱乐至老。

[赏析] 我们每个人都不应只知道上班、下班、回家，这样的生活节奏会让人越来越失去生活的乐趣。我们应有多样化的生活追求与情趣，多一些兴趣爱好，多一些追求，我们的人生也就会变得丰富多彩。

28. [原文] 一径阴开，势隐蛇蟺之致，云到成迷；半阁孤悬，影回缥缈之观，星临可摘。

[译文] 一条小道，若隐若现，蜿蜒前行，像蛇和蚯蚓一样，云雾升腾处为一片迷蒙；半座亭阁凌空孤悬，好像仙境，站在那里，举手可摘星。

[赏析] 烟雾缭绕的山里，醉了多少游人？

29. [原文] 几分春色，全凭狂花疏柳安排；一派秋容，总是红蓼白苹妆点。

[译文] 几分春色，是缤纷的鲜花、稀疏的柳树的安排；一派秋色，总要靠红蓼、白苹呈现。

[赏析] 大自然是一个任人打扮的小姑娘。

30. [原文] 春山艳冶如笑，夏山苍翠如滴，秋山明净如妆，冬山惨淡如睡。

[译文] 春天的山漂亮得像笑脸，夏天的山绿得能滴出水，秋天的山明净得像化过妆，冬天的山惨淡得像睡着了一样。

[赏析] 四个季节的山各有特色。

31. [原文] 眇眇乎春山，淡冶而欲笑；翔翔乎空丝，绰约而自飞。

[译文] 辽远的春山，素雅而秀丽，像是在笑着，树枝舞动，像空中的丝线自由地飞。

[赏析] 只要心情愉快，怎么看眼前的景色都很美。

32. [原文] 盛暑持蒲，榻铺竹下，卧读《骚》经，树影筛风，浓阴蔽日，丛竹蝉声，远远相续，蘧然入梦。醒来命取榾柮发，汲石涧流泉，烹云芽一啜，觉两腋生风。徐步草玄亭，芰荷出水，风送清香，鱼戏冷泉，凌波跳掷。因涉东皋之上，四望溪山髣画，平野苍翠。激气发于林瀑，好风送之水涯，手挥麈尾，清兴洒然。不待法雨凉雪，使人火宅之念都冷。

[译文] 盛夏手拿蒲扇，木榻放在竹子下，卧读《离骚》《诗经》。树影

送来清风，浓荫遮住太阳，树丛中传来蝉声，忽远忽近，蒙眬中进入梦乡，醒来时命仆童拿来梳子梳洗，取山泉烹香茗，感觉两腋生风。慢步到草玄亭，看菱角、荷花露出水面，微风送来清香，鱼儿在水中嬉戏，凌波跳跃。又来到山冈上四望，小溪青山如同图画，山野苍翠欲滴。激越之气发于林间瀑布之上，和煦清风吹到水边，手中挥动拂尘，十分洒脱。不用等佛家的法雨凉雪，也可以让心中的杂念退去。

[赏析] 心与自然相通，灵魂便干净。

33. [原文] 山曲小房，入园窈窕幽径，绿玉万竿。中汇涧水为曲池，环池竹树云石，其后平冈逶迤，古松鳞鬣，松下皆灌丛杂木，茑萝骈织，亭榭翼然。夜半鹤唳清远，恍如宿花坞；间闻哀猿啼啸，嘹呖惊霜，初不辨其为城市为山林也。

[译文] 山林深处有小屋，走进园内长长的小路，有很多绿竹。山水汇集形成弯曲的水池，竹树云石环绕。其后有曲折的平岗，古松如鳞片和鬣毛。松下是灌木丛，茑萝缠绕，亭子如同要飞起来一般。半夜有鹤鸣叫，声音清亮，恍惚间感觉像住在人间仙境。不时有猿鸣，声音很凄惨。刚听到时让人分不清这是城市还是山里。

[赏析] 山里的生活总让人遗忘城市的美好。

34. [原文] 一抹万家，烟横树色，翠树欲流，浅深间布，心目竞观，神情爽涤。

[译文] 一抹云霞洒落万家，烟雾笼罩树林，树木苍翠，颜色深浅相间，心眼竞相欣赏，使人神清气爽。

[赏析] 心眼齐用，方能看尽美好。

35. [原文]万里澄空，千峰开霁，山色如黛，风气如秋，浓阴如幕，烟光如缕，笛响如鹤唳，经飑如咿唔，温言如春絮，冷语如寒冰，此景不应虚掷。

[译文]万里晴空，山峰中云雾消散，山色苍翠如黛，清风如秋，树荫浓密如帷幕，炊烟缕缕，笛声如鹤唳，风声如同婴儿之语，温馨的言语如春天的柳絮，冰冷的言语如寒冰，这种美景不能虚度。

[赏析]山和风在有情怀的人眼里才美。

36. [原文]山房置古琴一张，质虽非紫琼绿玉，响不在焦尾、号钟，置之石床，快作数弄。深山无人，水流花开，清绝冷绝。

[译文]山房中放一架古琴，质地虽不是紫琼或绿玉，声响也比不上焦尾、号钟，但是把它放在石床上，心情快乐时弹几曲，在无人的深山，潺潺流水、春暖花开中，声音清幽绝伦。

[赏析]住在这样的山里，不是神仙胜似神仙。

37. [原文]密竹轶云，长林蔽日，浅翠娇青，笼烟惹湿。构数椽其间，竹树为篱，不复葺垣。中有一泓流水，清可漱齿，曲可流觞，放歌其间，离披蓓郁，神涤意闲。

[译文]竹林直冲云霄，树林遮蔽阳光，芳草泛着翠绿和娇嫩的青色，烟雾笼罩，空气湿润清新，在这儿搭建小屋，用竹子架起篱笆，不用修葺。中间有一泓清泉，清澈得可以漱口，弯曲有致，可以流觞，在其间放歌，草木郁郁青青又长得散乱，可以使人净化心灵，获得闲适意趣。

[赏析]美景可以荡涤心灵。

38. [原文]云晴暧暧，石楚流滋，狂飙忽卷，珠雨淋漓。黄昏孤灯明灭，山房清旷，意自悠然。夜半松涛惊飓，蕉园鸣琅琭坎之声，疏密间发，愁乐交集，足写幽怀。

[译文] 天晴，但云彩遮住了太阳，石础却依然潮湿欲滴。狂风突起，大雨骤至。黄昏时孤灯忽明忽暗，山房清旷，悠闲惬意。夜半时松涛阵阵，雨打芭蕉就像是雨滴到玉石上，时而密集，时而稀疏，忧愁与快乐相交，足以书写幽怀。

[赏析] 伴着雨打芭蕉声入睡，是多少人的梦想啊！

39. [原文] 四林皆雪，登眺时见絮起风中，千峰堆玉，鸦翻城角，万壑铺银。无树飘花，片片绘子瞻之壁；不妆散粉，点点糁原宪之羹。飞霰入林，回风折竹，徘徊凝览，以发奇思。画冒雪出云之势，呼松醪茗饮之景。拥炉煨芋，欣然一饱，随作雪景一幅，以寄僧赏。

[译文] 四周的树林都被积雪覆盖，登高远眺看到白雪如柳絮起舞，山峰积雪如玉，寒鸦在城角翻飞，山中万壑铺上一层银色。没有树木，却在飘花，片片如同苏子瞻所描绘的赤壁景色；不用装点，散落之粉如同原宪藜羹中的糁。飞散的雪花飘入林中，强劲的回风折断竹子，徘徊其间，仔细凝视观览，可生奇思异想。描绘飘着雪冒出云彩之景致，呼唤松醪酒、茶茗的情景。围着火炉烤山芋，美美地吃饱，随后画了一幅雪景，寄给名僧。

[赏析] 雪景下，每个人都如同孩子。

40. [原文] 孤帆落照中，见青山映带，征鸿回渚，争栖竞啄，宿水鸣云，声凄夜月，秋飙萧瑟，听之黯然，遂使一夜西风，寒生露白。

[译文] 孤帆笼罩在夕阳余晖中，两岸青山相互映衬，鸿雁回到水渚上，争抢着栖息地和食物，在水上夜宿，在云间鸣叫，声音如夜晚的月亮一样凄凉。秋风萧瑟，听到这种声音使人黯然神伤，于是一夜的西风，寒意顿生、

白露降临。

[赏析] 除了美景，山里也有孤寂、凄清的时候。

41. [原文] 春雨初霁，园林如洗，开扉闲望，见绿畴麦浪层层，与湖头烟水相映带，一派苍翠之色，或从树杪流来，或自溪边吐出。支筇散步，觉数十年尘土肺肠，俱为洗净。

[译文] 春雨过后初晴，园林像被洗过一样，打开柴门远望，碧绿的田野泛起麦浪，与湖边的烟水相衬，一派苍翠，或在树梢散出，或从溪边吐出。拄着竹杖散步，感觉多年来被世俗所污染的肺肠都洗洁净了。

[赏析] 春雨洗尽铅华。

42. [原文] 四月有新笋、新茶、新寒豆、新含桃，绿阴一片，黄鸟数声，乍晴乍雨，不暖不寒，坐间非雅非俗，半醉半醒，尔时如从鹤背飞下耳。

[译文] 四月有新笋、新茶、新寒豆、新含桃，到处一片绿荫，黄鹂在林间鸣叫，天气忽晴忽雨，气温不暖不寒，客人非雅非俗、半醉半醒，像从仙鹤背上飞下来的神仙。

[赏析] 有春景可赏，不羡鸳鸯不羡仙。

43. [原文] 名从刻竹，源分渭亩之云；倦以据梧，清梦郁林之石。

[译文] 把名字刻在竹简上想流芳百世，起源于渭川千亩竹林；倦了拄着拐杖，早晨梦见自己一身清廉。

[赏析] 做一个像竹子一样有气节的人。

44. [原文] 夕阳林际，蕉叶堕而鹿眠；点雪炉头，茶烟飘而鹤避。

[译文] 夕阳映照林间，芭蕉叶落地、野鹿安眠；炉上煮雪烹茶，茶烟飘

散，仙鹤受惊躲避。

[赏析] 喝着茶，看着太阳下山，十分惬意。

45. [原文] 高堂客散，虚户风来，门设不关，帘钩欲下。横轩有狻猊之鼎，隐几皆龙马之文，流览云端，寓观濠上。

[译文] 高堂上的客人散去，虚掩的门外吹来清风，不设门插，将帘钩放下。门口有刻着狮子图案的鼎，几案上刻有龙马，浏览云端闲适之景，注视逍遥之所的风光。

[赏析] 生活中少一些无谓的应酬，多一些志同道合的朋友游玩，自得其乐。多一些悠闲舒适的情趣，生活也会多一分喜乐。

46. [原文] 山经秋而转淡，秋入山而倍清。

[译文] 青山经过秋天，颜色变淡；秋天来到山中，分外清净。

[赏析] 秋天里，青山变色，人的心情也变了。

47. [原文] 山居有四法：树无行次，石无位置，屋无宏肆，心无机事。

[译文] 居于山中有四个法则：树无次序，石无定位，屋无大构，心无俗事。

[赏析] 住在山中，心境需与山景吻合。

48. [原文] 花有喜、怒、寤、寐、晓、夕，浴花者得其候，乃为膏雨。淡云薄日，夕阳佳月，花之晓也；狂号连雨，烈焰浓寒，花之夕也；檀唇烘日，媚体藏风，花之喜也；晕酣神敛，烟色迷离，花之愁也；敧枝困槛，如不胜风，花之梦也；嫣然流盼，光华溢目，花之醒也。

[译文] 花有喜怒、醒睡、早晚，园丁懂得这些时候，所以能及时浇水。

淡云薄日，夕阳月亮，是花的早晨。狂风暴雨，烈日寒冬，是花的夜晚。红色花瓣对着太阳，妖冶枝叶藏在风里，是花的乐事。无光敛神，烟色迷离，是花的忧伤。斜枝困在园里，如经不起风一般，是花的梦境。脸上有妩媚神韵，光华耀眼，是花清醒之时。

［赏析］花和人一样，也很有特点，养花的人要好好研究。

49.［原文］海山微茫而隐见，江山严厉而峭卓，溪山窈窕而幽深，塞山童赧而堆阜，桂林之山绵衍庞博，江南之山峻峭巧丽。山之形色，不同如此。

［译文］海上迷蒙山脉若隐若现，江边的山高耸陡峭，溪边的山窈窕幽深，塞外的山光秃秃没有草木，只剩赤色。桂林的山绵延磅礴，江南的山峻峭俏丽。山的形态景色，是这样大不同。

［赏析］就像人一样，山也有各种姿态。

50.［原文］白云徘徊，终日不去。岩泉一支，潺湲斋中。春之昼，秋之夕，既清且幽，大得隐者之乐，惟恐一日移去。

［译文］白云在天上犹豫，不愿散去。岩石下一支泉水流入斋中。春天的白天，秋天的夜晚，清新而幽静，隐居生活很快乐，就是担心哪一天必须离开。

［赏析］只要住进山里，你便希望日子慢点。

51.［原文］与衲子辈坐林石上，谈因果，说公案。久之，松际月来，振衣而起，踏树影而归，此日便是虚度。

［译文］与和尚坐在竹林间的石头上，谈论因果报应，论说佛门公案。不觉过了很久，林间升起明月，抖抖衣服站起来，踏着树影回家，一天算是虚度了。

［赏析］只要有收获，清谈一天也是值得的。

52. ［原文］结庐人境，植杖山阿，林壑地之所丰，烟霞性之所适，荫丹桂，藉白芽，浊酒一杯，清琴数弄，诚足乐也。

［译文］把草庐盖在路边，挂拐杖在山脚处，树林沟壑，这是土地丰饶的表现，烟霞缭绕，这正与我的本性相适应。在丹桂的树荫下乘凉，枕靠着茅草，沏茶喝酒抚琴，也十分快乐。

［赏析］既然到了山中，就索性放下一切吧！

53. ［原文］辋水沦涟，与月上下；寒山远火，明灭林外，深巷小犬，吠声如豹。村虚夜春，复与疏钟相间，此时独坐，童仆静默。

［译文］辋水荡起涟漪，映着闪动的月光，波光粼粼；远处寒山中的几处灯火，在树林外忽明忽暗，深巷中的小狗叫声如豹。虚静的村落中传来春米声，和寺院的钟声相间。此时独坐，连仆童也静默着。

［赏析］夜晚，看看月光，听听钟声。

54. ［原文］东风开柳眼，黄鸟骂桃奴。

［译文］东风吹开了柳叶，黄鸟叫骂不死的干桃子。

［赏析］春天是万物复苏的季节，只要我们留心观察便会发现其中自有妙趣。多留心一点，多观察一下四周，我们会发现每个季节都有每个季节的独特风景。

55. ［原文］晴雪长松，开窗独坐，恍如身在冰壶；斜阳芳草，携杖闲吟，信是人行图画。

［译文］雪后初晴，松树上都是雪，打开窗户一个人坐着，恍惚觉得在月

光里；斜阳下芳草萋萋，挂着拐杖吟诗，相信人在画中走。

[赏析] 雪后，更适合读诗。

56. [原文] 小窗下修篁萧瑟，野鸟悲啼；峭壁间醉墨淋漓，山灵呵护。霜林之红树，秋水之白萍。

[译文] 小窗下修竹萧条，野鸟悲鸣；醉后在峭壁间画一幅淋漓尽致的山水画，山灵会保护。霜降后树叶红了，秋天到了，水边的浮萍白了。

[赏析] 秋天，一派萧瑟，有种别样的美。

57. [原文] 云收便悠然共游，雨滴便泠然俱清；鸟啼便欣然有会，花落便洒然有得。

[译文] 天晴了就出去玩耍，雨来了就让一切变得清洁，鸟儿鸣叫就有所领会，花儿落了就有收获。

[赏析] 万物变化，自己也要跟着变化。

58. [原文] 山馆秋深，野鹤唳残清夜月；江园春暮，杜鹃啼断落花风。青山非僧不致，绿水无舟更幽。朱门有客方尊，缁衣绝粮益韵。

[译文] 深秋山里的馆舍，野鹤叫声惨烈，残月慢隐。暮春时江边的园子，杜鹃叫出血来，花在风中落下。山上除了僧人，没有其他人来，绿湖里没有小船，显得幽静。有钱人家里的客人都很尊贵，僧人断了粮食才显得清韵。

[赏析] 秋天里，眼中的一切都是悲的。

59. [原文] 杏花疏雨，杨柳轻风，兴到欣然独往；村落烟横，沙滩月印，歌残倏尔言旋。

[译文] 稀疏的春雨落在杏花上，温柔的春风吹拂杨柳，兴致来了就欣然

独往；炊烟升起，笼罩村落，沙滩上洒下月光，唱完歌马上开始聊天。

[赏析] 美景就在眼前，你去不去？

60.[原文] 赏花酣酒，酒浮园菊方三盏；睡醒问月，月到庭梧第二枝。此时此兴，亦复不浅。

[译文] 对花饮酒，酒中漂着园中的菊花瓣，共饮三盏；睡醒后问月，月亮照在院中梧桐树上第二枝。此时的意兴，实在不浅。

[赏析] 醉酒也是一种美事，可以让人忘了岁月。

61.[原文] 几点飞鸦，归来绿树；一行征雁，界破春天。

[译文] 几只飞鸦落在树上；一行远征的大雁，划破了万里长空。

[赏析] 乌鸦翻飞、大雁归来，春天真的到了。

62.[原文] 看山雨后，霁色一新，便觉青山倍秀；玩月江中，波光千顷，顿令明月增辉。

[译文] 看山雨停后，天晴了，景色变新，青山更秀美。在江心看月，有千顷波光，顿觉给月亮增了光辉。

[赏析] 雨后的江水和明月交相辉映，美极了。

63.[原文] 楼台落日，山川出云。

[译文] 夕阳从楼台上落下，云彩从山间飞出。

[赏析] 有了参照物，才感觉云彩的美。

64.[原文] 小窗假卧，月影到床，或逗留于梧桐，或摇乱于杨柳；翠华扑被，神骨俱仙。及从竹里流来，如自苍云吐出。

[译文] 睡在小窗前，月光照到了床头，或在梧桐树下停留，或散落杨柳前。绿玉一样的光华铺在床上，感觉精神和肉体都成仙了。等到从竹缝里照下，如同从青云中涌出。

[赏析] 能读懂月光，就能读懂黑夜。

65. [原文] 清送素娥之环佩，逸移幽士之羽裳。想思足慰于故人，清啸自纡于良夜。

[译文] 送上嫦娥的环佩、飘逸的隐士袍。思念足以安慰故人，清亮的啸声缭绕在安静的晚上。

[赏析] 夜晚来临，想念开始。

66. [原文] 读书宜楼，其快有五：无剥啄之惊，一快也；可远眺，二快也；无湿气浸床，三快也；木末竹颠，与鸟交语，四快也；云霞宿高檐，五快也。

[译文] 在楼上看书，有五大快乐：没有敲门的声音，这是第一大快乐；可以看远方，这是第二大快乐；没有湿气侵扰，这是第三大快乐；可以与枝头的鸟儿对话，这是第四大快乐；云霞落在高屋檐之上，这是第五大快乐。

[赏析] 登高不仅可以看书，还可以望远。

67. [原文] 山径幽深，十里长松引路，不倩金张；俗态纠缠，一编残卷疗人，何须卢扁。

[译文] 山路幽深，十里松树可带路，不必借助权贵馆舍；世俗纠缠，徒增烦恼，一本残书可治病，不需神医扁鹊。

[赏析] 有松树带路，再远也可以到达。

68.［原文］喜方外之浩荡，叹人间之窘束。逢阆苑之逸客，值蓬莱之故人。

［译文］喜欢尘世之外的自在，感叹人间的窘迫束缚。遇到阆苑里的仙客，巧遇蓬莱故人。

［赏析］逍遥游，先放下烦恼。

69.［原文］出芝田而计亩，入桃源而问津。菊花两岸，松声一丘。叶动猿来，花惊鸟去。阅丘壑之新趣，纵江湖之旧心。

［译文］走出种着芝草的田地而计算亩数，进入桃花源才问路。河岸有菊花，松声传遍山丘。树叶招来猿猴，却惊吓了花朵、鸟儿。领略丘壑的乐趣，放任自己飘荡江湖的夙愿。

［赏析］有快乐的心，到处都是桃花源。

70.［原文］篱边杖履送僧，花须列于巾角；石上壶觞坐客，松子落我衣裾。

［译文］在篱笆边，挂着拐杖穿着木屐，送别僧人，花蕊伸展缠绕住了我的头巾。在石上与客人对饮，松子落在我的衣服上。

［赏析］心中无情，山是山，水是水；心中有情，则山水中自会有我，我中自会有山水。心中有千种风情，才会有一份超脱世俗的坦然。也正因有这份超然，才不会在乎自己的外在表象。

71.［原文］远山宜秋，近山宜春，高山宜雪，平山宜月。

［译文］远山适合秋季，近山适合春天，高山适合落雪，平山适合赏月。

［赏析］山需与四季、风花雪月搭配，才能尽现美丽。

72. [原文] 珠帘蔽月，翻窥窈窕之花；绮幔藏云，恐碍扶疏之柳。

[译文] 珠帘把月亮遮住了，卷起来看漂亮的花；奢华的帷幔藏着云彩，害怕妨碍摇动的柳树。

[赏析] 朦胧美才是最有诗意的。

73. [原文] 烟霞润色，荃荽结芳。出涧幽而泉冽，入山户而松凉。

[译文] 烟霞滋润景色，菖蒲发出芬芳。清泉出自幽涧，刚入山就感觉到了松林的凉风。

[赏析] 离开喧嚣尘世进入山林，仿佛来到另一个天地。

74. [原文] 玩飞花之度窗，看春风之入柳；命丽人于玉席，陈宝器于纨罗。

[译文] 玩飞花穿过窗户，看春风拂动杨柳，让美人躺在玉席上，将宝玉陈于丝绢上。

[赏析] 每个人都想升仙，不如做个快乐的凡人吧。

75. [原文] 缛绣起于缇纺，烟霞生于灌莽。

[译文] 绚丽的锦绣是由橘红色的细绢绣成的，山水胜景是由丛生的草木生成的。

[赏析] 万事万物都有其生息规律。

第七章　韵——智水乐山，听从心的召唤

[原文] 人生斯世，不能读尽天下秘书灵笈。有目而昧，有口而哑，有耳而聋，而面上三斗俗尘，何时扫去？则韵之一字，其世人对症之药乎？虽然，今世且有焚香啜茗，清凉在口，尘俗在心，俨然自附于韵，亦何异三家村老妪，动口念阿弥，便云升天成佛也。集韵第七。

[译文] 人生在世，不能把天下的书都读完。有眼睛失明的，有成了哑巴的，有耳朵听不到的，脸上三斗厚的尘土什么时候能够扫去呢？"韵"这个字是不是世人的对症之药呢？即使是这样，现在的人焚香品茶，口清凉了，心还是俗的，好像身上有韵味，又和村里的老妇有什么不同呢？开口念了几句佛语，就说起了升天成佛的事儿。这是第七章。

[赏析] 既然读不完天下之书，就必须谦虚谨慎一些，少说话，多做事。

1. [原文] 清斋幽闭，时时暮雨打梨花；冷句忽来，字字秋风吹木叶。

[译文] 清斋幽静地闭着，时时传来傍晚的雨打梨花之声；忽然想起一句别人未用过的诗句，每个字都是秋风吹树叶般的凄凉。

[赏析] 秋天，连写的诗句都是冷的。

2. [原文] 春云宜山，夏云宜树，秋云宜水，冬云宜野。

[译文] 春天的云应飘在山上，夏天的云宜飘在树梢，秋天的云应飘在水上，冬天的云应飘在田野里。

[赏析] 四季之云各有风采。

3. [原文] 清疏畅快，月色最称风光；潇洒风流，花情何如柳态。

[译文] 晴朗稀疏，月色是最美的风光；潇洒风流，花之神情怎比得上柳之神态。

[赏析] 月光下，最潇洒的不是人，而是花、柳。

4. [原文] 春夜小窗兀坐，月上木兰；有骨凌冰，怀人如玉。因想"雪满山中高士卧，月明林下美人来"语，此际光景颇似。

[译文] 春夜独坐窗前，月下木兰显得更英挺了，在清冷中思念远方的人儿。因此想到了"雪满山中高士卧，月明林下美人来"的诗句，跟这里的景象很相似。

[赏析] 思念远方的佳人，月亮来传递相思。

5. [原文] 香令人幽，酒令人远，茶令人爽，琴令人寂，棋令人闲，剑令人侠，杖令人轻，麈令人雅，月令人清，竹令人冷，花令人韵，石令人隽，雪令人旷，僧令人淡，蒲团令人野，美人令人怜，山水令人奇，书史令人博，金石鼎彝令人古。

[译文] 香让人清幽，酒让人遐想，茶让人清爽，琴令人寂静，棋让人闲适，剑让人豪迈，竹杖让人轻盈，拂尘令人雅致，月让人清静，竹让人清冷，花让人有韵致，石让人隽永，雪让人旷达，僧让人淡泊，蒲团让人无拘无束，美人让人爱怜，山水让人称奇，史书让人广博，金石鼎彝增添人的古朴。

[赏析] 人和物合二为一，便是真的物尽其用。

6. [原文] 吾斋之中，不尚虚礼。凡入此斋，均为知己；随分款留，忘形笑语；不言是非，不侈荣利；闲谈古今，静玩山水；清茶好酒，以适幽趣。臭味之交，如斯而已。

[译文] 我的书斋中不喜欢虚礼，来者都是知己。随便去留，开怀说笑；不说是非，不羡利禄；闲谈古今，把玩山水；清茶好酒，正适合情趣。志趣相投，如此最好。

[赏析] 真朋友没有必要说客套话。

7. [原文] 窗宜竹雨声，亭宜松风声，几宜洗砚声，榻宜翻书声，月宜琴声，雪宜茶声，春宜筝声，秋宜笛声，夜宜砧声。

[译文] 窗子适合听竹雨声，亭子适合听松涛声，几案适宜听洗砚台声，床适合听翻书声，月亮适合听琴声，雪适合听煮茶声，春天适合听古筝声，秋天适合听笛声，夜晚适合听洗衣捶石声。

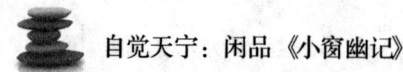

[赏析] 声音与环境相融才最美。

8. [原文] 翻经如壁观僧，饮酒如醉道士，横琴如黄葛野人，肃客如碧桃渔父。

[译文] 看经书就像面壁的和尚，喝酒就像酣醉的道士，弹琴就像幽雅的草野高逸，迎客像不会撒网的渔夫。

[赏析] 做不同的事要有不同的态度。

9. [原文] 竹径款扉，柳阴班席，每当雄才之处，明月停辉，浮云驻影，退而与诸俊髦西湖靓媚。赖此英雄，一洗粉泽。

[译文] 沿着竹林小路去叩门，在柳树下按次序坐下，每当有英雄才俊到来，明月便没了光辉，浮云也不动，退下来与豪杰泛舟西湖。西湖也因为英雄而洗去了脂粉气。

[赏析] 其实，英雄也懂得胭脂。

10. [原文] 云林性嗜茶，在惠山中，用核桃、松子肉和白糖成小块如石子，置茶中，出以啖客，名曰清泉白石。

[译文] 倪瓒爱茶成癖，在惠山里，用核桃仁、松子仁加上白糖，制成小块，如小石块一样，置于茶中，请来访的客人喝，起名为"清泉白石"。

[赏析] 爱茶的人自有乐趣。

11. [原文] 有花皆刺眼，无月便攒眉，当场得无妒我；花归三寸管，月代五更灯，此事何可语人？

[译文] 有花则喜，无月则愁，不用忌妒我。花是由舌头管理的，月光可代替五更的灯，这样的事怎么可以说给别人呢？

［赏析］花前月下事，应该独自享受。

12.［原文］求校书于女史，论慷慨于青楼。

［译文］为校对书籍而向知识女性请教，说起慷慨在青楼妓馆亦不乏节烈慷慨的女子。

［赏析］英雄不问出处，谁说女子不如男。

13.［原文］填不满贪海，攻不破疑城。

［译文］贪欲的海是填不满的，怀疑之城是攻不破的。

［赏析］人的一生应戒贪、戒疑。

14.［原文］机息便有月到风来，不必苦海人世；心远自无车尘马迹，何须痼疾丘山？

［译文］无功利之心，月光自来，微风吹起，就不再是苦海；人在世间，心却在遥远的地方，自然不会有车水马龙的喧闹，何须长久地迷恋山水？

［赏析］心态淡泊，到处是山林。

15.［原文］幽心人似梅花，韵心士同杨柳。

［译文］内心幽静的人像梅，富有韵味的人像柳。

［赏析］梅花有傲骨，柳树有韵致。

16.［原文］情因年少，酒因境多。

［译文］多情是因为年轻，喝酒是因为心境复杂。

［赏析］年轻时候才容易有真情，借酒浇愁愁更愁。

17. [原文] 看书筑得村楼，空山曲抱；趺坐扫来花径，乱水斜穿。

[译文] 要想静心看书最好在山村的小楼上，周围有青山环绕；盘腿打坐，最好在花丛夹道的地方，有清澈溪水环绕。

[赏析] 读书也需要好环境。

18. [原文] 倦时呼鹤舞，醉后倩僧扶。

[译文] 疲倦时让鹤跳舞，醉后请和尚来扶。

[赏析] 不论何时，都得自寻开心。

19. [原文] 万绿阴中，小亭避暑；八闼洞开，几簟皆绿。雨过蝉声来，花气令人醉。

[译文] 绿荫中，小亭可避暑；小路四通八达，案几和簟席都染上了绿色。雨过听见蝉声，花香让人沉醉。

[赏析] 真正的美景在雨后。

20. [原文] 瘦影疏而漏月，香阴气而堕风。

[译文] 瘦竹稀疏漏下月影，花香随微风散开。

[赏析] 月光可以被遮住，而花香不能。

21. [原文] 与梅同瘦，与竹同清，与柳同眠，与桃李同笑，居然花里神仙；与莺同声，与燕同语，与鹤同唳，与鹦鹉同言，如此话中知己。

[译文] 和梅一样瘦，和竹一样清，和柳一起睡，和桃李一起笑，像花国神仙；和黄莺一起唱，和燕子交流，和鹤鸣叫，和鹦鹉说话，这就是鸟的知己。

[赏析] 和大自然做朋友，心变得澄净。

22. [原文] 登山遇厉瘴，放艇遇腥风，抹竹遇缪丝，修花遇醒雾，欢场遇害马，吟席遇伧夫，若斯不遇，甚于泥涂。偶集逢好花，踏歌逢明月，席地逢软草，攀磴逢疏藤，展卷逢静云，战茗逢新雨，如此相逢，逾于知己。

[译文] 爬山遇到瘴气，划船遇到腥气，演奏弦乐器遇到绞织在一起的弦，赏花时醉酒如入雾中，欢乐场遇到害群马，读诗的筵席上遇到无知人，这样的相遇，比走在泥路上还让人扫兴。偶尔雅集遇到好看的花，唱歌遇到很亮的月光，想坐下就遇到软草丛，攀登石阶遇到稀疏的藤条，读出遇到安静的云，斗茶时遇到新雨，这样的相逢，比遇到好友还开心。

[赏析] 要相信，所有相逢都是美好的。

23. [原文] 草色遍溪桥，醉得蜻蜓春翅软；花风通驿路，迷来蝴蝶晓魂香。

[译文] 绿草长遍了小溪上的桥，醉得蜻蜓翅膀都变软了；花朵吹来的风直通到小路，吸引了很多蝴蝶。

[赏析] 有时候简约是大美。

24. [原文] 田舍儿强作馨语，博得俗因；风月场插入伧父，便成恶趣。

[译文] 农家的小孩故意说好听的话，显得俗气。赏风月的场合来了粗人，便成了令人厌恶的趣味。

[赏析] 美好的画面，万不可沾染俗气。

25. [原文] 梅花入夜影萧疏，顿令月瘦；柳絮当空晴恍忽，偏惹风狂。

[译文] 寒夜里梅花更显萧疏冷清，月亮也消瘦了，柳絮飘飞，晴朗的天空恍惚，偏偏惹来狂风。

[赏析] 横看成岭侧成峰。对于风景要学会欣赏，就像花朵会含苞、盛放、凋零一样，它的每个时期都很美丽，也都很让人期待。学会从不同角度去欣赏风景，就会欣赏到不同的景色。

26. [原文] 花阴流影，散为半院舞衣；水响飞音，听来一溪歌板。

[译文] 花阴流动，随着阳光洒了半院；溪水流淌，听起来像音乐节拍。

[赏析] 这个世界并不缺少美，而是缺少发现美的眼睛。大千世界，精彩纷呈，要学会发现美。

27. [原文] 浑如花醉，潦倒何妨；绝胜柳狂，风流自赏。

[译文] 头晕像醉在花丛，潦倒又何妨？绝对胜过风吹的柳树，自己欣赏自己的风流。

[赏析] 在生活中，如果一个人能为花醉，能为柳狂，那他的人生可以称得上是得意了。

28. [原文] 春光浓似酒，花故醉人；夜色澄如水，月来洗浴。

[译文] 春光像酒一样浓，因此花可醉人。夜色像水一样清，月亮下来可以去洗澡。

[赏析] 春光里，大醉一场又何妨？

29. [原文] 对酒当歌，四座好风随月到；脱巾露顶，一楼新雨带云来。

[译文] 对酒当歌，四下里风随着月亮一起来到；脱下头巾，楼外刚下的雨带着云来到。

[赏析] 心情好了，风景也跟着变好了。

30.[原文] 浣花溪内，洗十年游子衣尘；修竹林中，定四海良朋交籍。

[译文] 在浣花溪里，洗去游子衣服上的十年灰尘；在修竹林中，编定四海知己的名册。

[赏析] 现代人生活节奏快，偶尔和朋友出去畅玩一下，也是缓解压力、释放内心情绪的一个好方式。

31.[原文] 人语亦语，诋其昧于钳口；人默亦默，訾其短于雌黄。

[译文] 附和别人说话，人们会诋毁他把不住口风；跟随别人沉默，人们会讥讽他不善于评论品鉴。

[赏析] 人要学会在正确的场合说正确的话。

32.[原文] 艳阳天气，是花皆堪酿酒；绿阴深处，凡叶尽可题诗。

[译文] 艳阳天里，花可酿酒，绿荫深处，叶可题诗。

[赏析] 好天气里要有好酒、好诗兴。

33.[原文] 曲沼荇香侵月，未许鱼窥；幽关松冷巢云，不劳鹤伴。

[译文] 曲折迂回的池塘里长满了开了花的荇菜，花香四溢，可以看得到月影，却看不到池塘里的鱼。松树清冷云归去，这样幽静的时候，不用让鹤来相伴。

[赏析] 你的孤寂不一定非得让全世界知道。

34.[原文] 篇诗斗酒，何殊太白之丹丘；扣舷吹箫，好继东坡之赤壁。

[译文] 畅饮斗酒吟诵诗篇，和李白的《丹丘诗》有什么不同？叩响船舷吹箫相和，好像仿照苏轼续写《赤壁赋》。

[赏析] 喝酒、吹箫，有助诗兴。

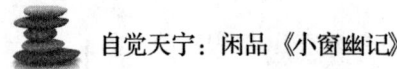

35. [原文] 茶中着料，碗中着果，譬如玉貌加脂，蛾眉着黛，翻累本色。煎茶非漫浪，要须人品与茶相得，故其法往往传于高流隐逸，有烟霞泉石磊落胸次者。

[译文] 茶中放佐料，碗里放果品，好比秀丽的脸上涂脂粉，好看的眉上画青黛，影响了本色。煎茶不是随便的事，必须要人品和茶品相宜。因此，煎茶的方法只在高人隐士和有烟霞泉石那样磊落胸怀的人之间流传。

[赏析] 素面朝天，不加雕饰，美得自然。

36. [原文] 楼前桐叶，散为一院清阴；枕上鸟声，唤起半窗红日。

[译文] 楼前的梧桐叶，散开后遮下一整个院子的树荫；枕上听鸟叫，叫出了半个窗子的红日。

[赏析] 好有诗情画意，时光变得懒洋洋的。

37. [原文] 天然文锦，浪吹花港之鱼；自在笙簧，风戛园林之竹。

[译文] 天然的花纹锦缎，波浪吹着花港里的鱼；自在的竹笙，风声弹奏着园林里的竹子。

[赏析] 只要心中有音乐，何处不可高歌？

38. [原文] 松涧边携杖独往，立处云生破衲；竹窗下枕书高卧，觉时月浸寒毡。

[译文] 在松涧边拄着拐杖独来独往，站的地方白云从破旧的衲衣中环绕升腾；竹窗下面，头枕经书睡大觉，醒来时发现月亮的清冷侵入身下的寒毡。

[赏析] 月亮和云都是寄托相思之情的载体。

39.［原文］散履闲行，野鸟忘机时作伴；披襟兀坐，白云无语漫相留。

［译文］放开脚步闲逛，野鸟忘记了警惕前来相伴；披着衣襟打坐，白云无语，似乎不经意间停在那里供人观赏。

［赏析］有诗相伴，很多烦恼都会自动消除。

40.［原文］客到茶烟起竹下，何嫌屐破苍苔；诗成笔影弄花间，且喜歌飞《白雪》。

［译文］客来就提水煮茶，茶烟在竹林下袅袅升起，又何必担心木屐踏破了苍翠的苔藓；笔墨在花丛飞舞写成诗篇，随之飘来《白雪》的歌声，令人欣喜。

［赏析］在现代生活中，人际交往通常都带有利益色彩，这样结交下来的关系往往并不能长久。交友重在心诚，以心相交，才会结交真正的朋友。

41.［原文］屏绝外慕，偃息长林，置理乱于不闻，托清闲而自佚。松轩竹坞，酒瓮茶铛，山月溪云，农蓑渔罟。

［译文］放弃对尘世贪欲的向往，隐居山林，不管治乱兴衰，只图清闲自在。松间竹坞，盛酒的陶瓮，烹茶的茶铛，山间的明月，溪涧的云雾，农人的蓑衣，渔民的钓网都令人欣喜和流连。

［赏析］既然选择了隐居，就要学会忘记。

42.［原文］怪石为实友，名琴为和友，好书为益友，奇画为观友，法帖为范友，良砚为砺友，宝镜为明友，净几为方友，古磁为虚友，旧炉为熏友，纸帐为素友，拂尘为静友。

［译文］怪石是朴实的朋友，名琴是和洽的朋友，好书是有益的朋友，奇画是可观赏的朋友，法帖是可模仿的朋友，良砚是可砥砺的朋友，宝镜是明

亮的朋友，净几是方正的朋友，古磁为清虚的朋友，旧炉是熏香的朋友，纸帐是素淡的朋友，拂麈是幽静的朋友。

［赏析］与身边的物件交朋友，它们会"报答"你的。

43.［原文］扫径迎清风，登台邀明月，琴觞之余，间以歌咏，止许鸟语花香，来吾几榻耳。

［译文］打扫小路迎接清风，登上高台邀请月亮。弹琴饮酒之余吟咏歌唱，只许鸟语花香传到我的案前。

［赏析］学习时，要屏蔽一切干扰。

44.［原文］风波尘俗，不到意中；云水淡情，常来想外。

［译文］从不在意是非风波等俗事；山水泉石，淡泊闲情和思想相伴。

［赏析］淡泊之心可远离喧闹。

45.［原文］纸帐梅花，休惊他三春清梦；笔床茶灶，可了我半日浮生。

［译文］纸做的帐子里的梅花，不要惊醒三春清梦；笔架茶灶，伴我度过自在人生。

［赏析］不辜负自己，要学会"偷懒"。

46.［原文］酒浇清苦月，诗慰寂寥花。

［译文］借酒浇愁面对清苦月色，吟诗作赋慰问寂寥花朵。

［赏析］俗话说，借酒浇愁愁更愁。在生活中，我们会遇到很多的问题，借酒浇愁并不是解决的方式，想办法去解决问题才是最佳方式。

47.［原文］好梦乍回，沉心未烬，风雨如晦，竹响入床，此时兴复不浅。

［译文］好梦刚醒，心还没有沉静下去。风雨交加，到处都是黑的，竹林的响声传到了床上，依旧很有兴致。

［赏析］不管心情好坏，周遭的一切依旧进行着。

48.［原文］山非高峻不佳，不远城市不佳，不近林木不佳，无流泉不佳，无寺观不佳，无云雾不佳，无樵牧不佳。

［译文］山不高就不好，不离城市远一点不好，附近没树林不好，无泉水不好，没寺庙不好，没云雾不好，没砍柴和放牧的人也不好。

［赏析］隐居不是真正与世隔绝，隐士也要有正常的生活。

49.［原文］一室十圭，寒蛩声暗，折脚铛边，敲石无火。水月在轩，灯魂未灭，揽衣独坐，如游皇古。

［译文］窄小的屋子里，寒秋中的蟋蟀嗓子哑了，蹲在灶前敲不出火来。水中明月照在高轩，烛光熄灭灯花还在，揽衣独坐，这样的情景，仿佛神游上古。

［赏析］即便生活清苦，只要还有月亮，一切都是美好的。

50.［原文］襟韵洒落，如晴雪秋月，尘埃不可犯。

［译文］胸襟开阔，韵致磊落像初晴的雪，秋月是世间尘埃无法侵染的。

［赏析］只要心中有信念，别人无法污染你。

51.［原文］峰峦窈窕，一拳便是名山，花竹扶疏，半亩如同金谷。

［译文］峰峦秀美，一个拳头也是名山；花荫竹影斑驳稀疏，即使只有半亩也比得上金谷园。

［赏析］山不在高，有高士则名。

52. ［原文］观山水亦如读书，随其见趣高下。

［译文］看山水也像读书，随着人的情趣见不同而见高下。

［赏析］俗人眼中是山水，高士眼中是禅境。

53. ［原文］深山高居，炉香不可缺，取老松柏之根枝实叶共捣治之，研枫肪麝和之，每焚一丸，亦足助清苦。

［译文］住在深山里，炉香是不可或缺的，取老松柏的根枝、果实和叶子一起捣碎，研成枫肪加以调和，焚完一丸香，足以增加清苦之气。

［赏析］高士焚香，其实是为了心静。

54. ［原文］白日羲皇世，青山绮皓心。

［译文］明媚的日光像伏羲时的世界，山清水秀像汉初商山四皓般超俗。

［赏析］有人抱怨自己每天都很忙、很累，可等自己所有的努力和付出有了回报时，回头再想一想，当时的忙和累都是值得的。

55. ［原文］松声，涧声，山禽声，夜虫声，鹤声，琴声，棋子落声，雨滴阶声，雪洒窗声，煎茶声，皆声之至清，而读书声为最。

［译文］松间涛声、山涧水声、山禽叫声、夜虫鸣声、鹤声、琴声、棋子落声、雨滴阶声、雪洒窗声、煎茶声，这些声音都是至清的，读书声是最为清幽的。

［赏析］如果用心，每一种声音都是动听的。

56. ［原文］晓起入山，新流没岸；棋声未尽，石磬依然。

［译文］早晨到山上去，溪涧新涨的水淹没了溪岸；下棋声未断，石磬的

声音依旧。

　　［赏析］专心眼前事，不问屋外雨。

　　57.［原文］松声竹韵，不浓不淡。

　　［译文］松涛竹韵，不浓不淡，恰到好处，令人清爽。

　　［赏析］听听松涛声吧，应该比敲键盘的声音好听。

　　58.［原文］何必丝与竹，山水有清音。

　　［译文］没有丝竹的乐声也无妨，山水的清音就够了。

　　［赏析］山水的声音比音乐还要好。

　　59.［原文］世路中人，或图功名，或治生产，尽自正经，争奈大地间好风月、好山水、好书籍，了不相涉，岂非枉却一生！

　　［译文］世间的人有的图名，有的图经营家产用尽才智。对天地间的风月、山水、书籍毫不涉猎，难道不是枉活了一生！

　　［赏析］名利之外还有山水、风月和书。

　　60.［原文］李岩老好睡，众人食罢下棋，岩老辄就枕，阅数局乃一展转，云："我始一局，君几局矣？"

　　［译文］李岩老喜欢睡觉，大家吃完饭下棋，他去睡觉。下了几局棋，他才翻个身问："我睡了一局，你们下了几局了？"

　　［赏析］人生短暂，我们每个人都应珍惜自己的时间，利用好自己的时间，才不辜负人生的大好时光。

　　61.［原文］蔡中郎传，情思逶迤；北西厢记，兴致流丽。学他描神写景，必先细味沉吟，如曰寄趣本头，空博风流种子。

[译文]《蔡伯喈琵琶记》，情思缠绵悱恻。《西厢记》，流畅清新。学他描写景物时的神气，一定要先细细体会和沉思。假如非要把情思寄托在剧本里面，那就空留了那么多风流的种子。

[赏析] 学习欣赏名人的写作方法。

62. [原文] 夜长无赖，徘徊蕉雨半窗；日永多闲，打叠桐阴一院。

[译文] 长夜百无聊赖，在雨打芭蕉的窗前徘徊；白天有很多空闲，打扫梧桐掩映的院落。

[赏析] 悠闲时得学会打发时间。

63. [原文] 雨穿寒砌，夜来滴破愁心；雪洒虚窗，晓去散开清影。

[译文] 雨穿过寒冷的石阶，在寂静中滴破忧愁的心绪；白雪飘在虚掩的窗户上，在清晨散开一片清丽的景色。

[赏析] 多么清冷的世界啊，读来叫人心疼。

64. [原文] 春夜宜苦吟，宜焚香读书，宜与老僧说法，以销艳思。夏夜宜闲谈，宜临水枯坐，宜听松声冷韵，以涤烦襟。秋夜宜豪游，宜访快士，宜谈兵说剑，以除萧瑟。冬夜宜茗战，宜酌酒说《三国》《水浒》《金瓶梅》诸集，宜箸竹肉，以破孤岑。

[译文] 春夜适合焚香苦吟诗书，和老和尚谈论佛法，消除内心情思；夏天适合静坐闲谈，听松涛声、清冷的韵律，消除内心烦闷；秋天的晚上适合开怀游玩，拜访爽快的人，谈论兵法、剑术，消除萧瑟之感；冬天的晚上适合斗茶，一边喝酒一边说《三国》《水浒》《金瓶梅》，用筷子夹起蘑菇，打破孤独和寂寞。

［赏析］风景不同的四季里，要学会抚慰自己的心灵。

65. ［原文］古之君子，行无友，则友松竹；居无友，则友云山。余无友，则友古之友松竹、友云山者。

［译文］古时君子，走路时没有伴，以松竹当伴，居住时没有好友，就和山做朋友。我假如没有好友，就一定把那些与松竹、云山当好友的人变成我的好友。

［赏析］志趣相投者，才能成好友。

66. ［原文］买舟载书，作无名钓徒。每当草蓑月冷，铁笛霜清，觉张志和、陆天随去人未远。

［译文］买船运书，做一个没有名字的钓鱼者。一到寒冷的月夜就披上蓑衣，铁笛声和月光都很冷，感觉张志和、陆天随并未远去。

［赏析］心中有圣人，圣人就不会走远。

67. ［原文］"今日鬓丝禅榻畔，茶烟轻飏落花风。"此趣惟白香山得之。

［译文］今天苍白的鬓发垂在床边，茶灶上的轻烟飘荡在风中，这样的情趣只有香山居士白居易才能得到。

［赏析］我们可以向白居易学习他的闲情逸致。

68. ［原文］清姿如卧云餐雪，天地尽愧其尘污；雅致如蕴玉含珠，日月转嫌其泄露。

［译文］清逸的风姿就像躺在云朵里吃着白雪，天地都因为沾染尘俗而感到惭愧；优雅的韵致好比蕴藏的宝玉和含而不露的珍珠，日月还嫌自己泄露了宇宙的精光。

[赏析] 只有不断修炼自己，才能配得上白雪和日月。

69.[原文] 焚香啜茗，自是吴中习气，雨窗却不可少。

[译文] 焚香品茶，是吴中地区的习俗，雨中窗下的清闲安逸是不可少的。

[赏析] 喝茶，看窗外下雨，是一种简单的生活。

70.[原文] 茶取色臭俱佳，行家偏嫌味苦；香须冲淡为雅，幽人最忌烟浓。

[译文] 茶要色泽、气味都好，精于此道的人却嫌其味道苦涩；焚香要以清淡为好，隐士最忌讳香味太浓。

[赏析] 煮茶、焚香是生活，也是学问。

71.[原文] 朱明之候，绿阴满林，科头散发，箕踞白眼，坐长松下，萧骚流觞，正是宜人疏散之场。

[译文] 夏天，满林都是绿荫。披头散发、盘腿而坐，用白眼看人。高大的松树下，风吹树叶萧萧，曲水流觞，正是适合休闲之地。

[赏析] 找一个绿荫满地的地方，与朋友对坐清谈，好向往。

72.[原文] 读书夜坐，钟声远闻，梵响相和，从林端来，洒洒窗几上，化作天籁虚无矣。

[译文] 读书夜坐，听见远处的钟声，念经的声音相和，从林深处传来，洒在屋内，化作天籁之声。

[赏析] 夜半钟声，似乎也有了禅意。

73.［原文］夏日蝉声太烦，则弄箫随其韵转；秋冬夜声寥飒，则操琴一曲咻之。

［译文］夏天的蝉声烦人，那就吹箫和着蝉声的韵律。冬天夜里无声，那就用琴弹上一曲。

［赏析］环境，有时候可以由自己来改变。

74.［原文］心清鉴底潇湘月，骨冷禅中太华秋。

［译文］心清如映照在湘江的月亮，身体冰冷如处于深秋的古寺中。

［赏析］如果心情不好，月亮、寺庙都是冷的。

75.［原文］语鸟名花，供四时之啸咏；清泉白石，成一世之幽怀。

［译文］善于鸣叫的鸟、好看的花，可供诗人四季吟诗作对；清泉白石，可成就隐士之名。

［赏析］隐士之名是怎么传出去的？是鸟、花、泉、石。

76.［原文］权轻势去，何妨张雀罗于门前；位高金多，自当效蛇行于郊外。盖炎凉世态，本是常情，故人所浩叹，惟宜付之冷笑耳。

［译文］权力轻了，权势弱了，门可罗雀又如何？位高钱多，应当效仿蛇隐居郊外。世态炎凉本是人之常情。因此人们常常慨叹的，正应一笑而过。

［赏析］把位子看得太重，等你离开位子时会不适应。

77.［原文］溪畔轻风，沙汀印月，独往闲行，尝喜见渔家笑傲；松花酿酒，春水煎茶，甘心藏拙，不复问人世兴衰。

［译文］溪旁有轻风，沙洲有月光，独自闲庭信步，曾高兴地看见渔人的欢笑。用松花酿酒，用春水煮茶，甘心把自己的笨拙藏起来，不再问人间兴衰。

［赏析］退隐就应有退隐的样子。

78. ［原文］或夕阳篱落，或明月帘栊，或雨夜联榻，或竹下传觞，或青山当户，或白云可庭，于斯时也，把臂促膝，相知几人，谑语雄谈，快心千古。

［译文］有时夕阳落在篱笆上，有时明月挂在窗帘上，有时夜雨声中畅谈，有时在竹下畅饮，有时青山对着大门，有时白云进入庭院，在这样的情景下，找几个朋友一起促膝而谈，欢笑嬉戏高谈阔论，此为古今之乐。

［赏析］有美景，有好友，为大快乐。

79. ［原文］疏帘清簟，销白昼惟有棋声；幽径柴门，印苍苔只容屐齿。

［译文］稀疏的珠帘，清凉的竹席，白天只有下棋声可以消遣；小路旁的柴门，青苔上留有木屐的痕迹。

［赏析］让自己慢下来，心情才能愉悦。

80. ［原文］落花慵扫，留衬苍苔；村酿新刍，取烧红叶。

［译文］懒得扫落花，留着映衬青苔。村中正在酿新酒，还可取来红叶烧火。

［赏析］落花也大有用处。

81. ［原文］烟萝挂月，静听猿啼；瀑布飞虹，闲观鹤浴。

［译文］茂盛的藤萝上挂满月光，静静地听猿声；瀑布飞虹，悠闲地看野鹤沐浴。

［赏析］悠闲时，一切都清雅。

82. ［原文］落落者难合，一合便不可分；欣欣者易亲，乍亲忽然成怨。故君子之处世也，宁风霜自挟，无鱼鸟亲人。

［译文］孤高的人难以接近，一旦接近就难分难解。开心的人平易近人，刚一亲近又可能有了怨恨。因此君子宁可披风迎霞，也不像鱼鸟一样亲近人。

［赏析］既然无法亲近，就做个陌生人吧！

83. ［原文］闻暖语如挟纩，闻冷语如饮冰，闻重语如负山，闻危语如压卵，闻温语如佩玉，闻益语如赠金。

［译文］听到温暖的话，如同穿上锦衣；听见冰冷的话，如同喝了冰水；听见沉重的话，如同背着大山；听见危险的话，如同压着鸡蛋；听见温馨的话，如同戴上玉佩；听到有用的话，如同收到金子。

［赏析］言语可暖人也可伤人，因此，言谈一定要慎重。

84. ［原文］快欲之事，无如饥餐；适情之时，莫过甘寝。求多于情欲，即侈汰亦茫然也。

［译文］恣意所为的事，比不上饿了时吃一顿饱饭；让情绪舒缓的事，比不上好好睡一觉。贪欲过多，就是奢侈无度，也会使自己迷茫。

［赏析］被欲望遮住双眼，便容易迷失方向。

第八章 奇——修炼慧眼，看清奇人异事

[原文] 我辈寂处窗下，视一切人世，俱若蠓蠓婴丑，不堪寓目。而有一奇文怪说，目数行下，便狂呼叫绝，令人喜，令人怒，更令人悲。低徊数过，床头短剑亦鸣鸣作龙虎吟，便觉人世一切不平，俱付烟水。集奇第八。

[译文] 我们静坐在窗下，冷眼看世间一切，都好像蠓虫、小孩一样，不堪入目。然而总有一些写着奇闻怪论的书，只看几行，就叫人拍案惊奇，既令人欢喜、愤怒，又令人悲伤。品味过后，便觉得挂在床头的短剑发出龙吟虎啸之声，世间的恩怨情仇像过眼云烟一样散去了。这是第八章。

[赏析] 人生总有各种各样的不如意，与其唉声叹气，不如泰然处之。到书海中去寻找方寸安静之所吧！

1. [原文] 吕圣公之不问朝士名，张师高之不发窃器奴，韩稚圭之不易持烛兵，不独雅量过人，正是用世高手。

[译文] 吕蒙正不问嘲笑他的那个人的名字，张齐贤不揭发偷盗银器的奴仆，韩琦不换掉举蜡烛烧掉他胡子的士兵。这些人不但有度量，更重要的是他们都是治世能手。

[赏析] 小事中可见人的大胸怀、大能耐。

2. [原文] 佞佛若可忏罪，则刑官无权；寻仙若可延年，则上帝无主。达士尽其在我，至诚贵于自然。

[译文] 奸佞之人如果可以忏悔抵罪的话，那主管刑罚的人就没事儿干了；寻仙问道就能延年益寿的话，那主管人寿的天帝就没必要存在了。修养在个人，最重要的是遵循自然规律。

[赏析] 遵循自然规律，还要恪守社会法则，人才能真正自由。

3. [原文] 以货财害子孙，不必操戈入室；以学术杀后世，有如按剑伏兵。

[译文] 用钱财害子孙，跟拿着刀入室杀戮一样；用教育祸害后人，与埋伏好兵士杀人一样。

[赏析] 错误的教育，不仅不能教人，反而会害人。

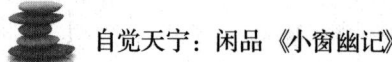

4. [原文] 君子不傲人以不如，不疑人以不肖。

[译文] 君子不拿别人不如自己的地方当骄傲，不因别人品行有缺憾而怀疑人。

[赏析] 人是复杂的，不能仅看其一面。

5. [原文] 读诸葛武侯《出师表》而不堕泪者，其人必不忠；读韩退之《祭十二郎文》而不堕泪者，其人必不友。

[译文] 读诸葛亮的《出师表》而不流泪的，一定是不忠之人；读韩愈《祭十二郎文》而不流泪的，一定不是友善之人。

[赏析] 读书就是与作者交流。

6. [原文] 世味非不浓艳，可以淡然处之。独天下之伟人与奇物，幸一见之，自不觉魄动心惊。

[译文] 世间滋味不可谓不浓艳，我们要淡然处之。唯独伟人和奇怪的事物，如果有幸一见，一定会不由自主地惊心动魄。

[赏析] 世界很精彩，做人要简单。

7. [原文] 道上红尘，江中白浪，饶他南面百城；花间明月，松下凉风，输我北窗一枕。

[译文] 世间滚滚红尘，江水中的滔天白浪，不如他坐拥书城；花间有明月，松下有清风，还是不如我北窗下一枕黄粱。

[赏析] 不要羡慕别人的尊荣，其实你比他更幸福。

8. [原文] 立言亦何容易，必有包天包地、包千古、包来今之识；必有惊天惊地、惊千古、惊来今之才；必有破天破地、破千古、破来今之胆。

［译文］为后人立言有多难呢？一定要有包容天地、古往今来之见识；一定要有震惊天地、古往今来之才华；一定要有推翻天地、古往今来之胆略。

［赏析］成大事者，必有过人之见识、才华、胆略。

9.［原文］圣贤为骨，英雄为胆，日月为目，霹雳为舌。

［译文］向圣贤学习风骨，向英雄学习胆识，以日月为双目，以霹雳为口舌。

［赏析］见贤思齐，成功只是时间问题。

10.［原文］瀑布天落，其喷也珠，其泻也练，其响也琴。

［译文］瀑布从天而落，喷出的水滴如珍珠一般，倾泻而下时如白练一般，声音悠扬如琴一般。

［赏析］大自然总会给人类惊喜，其独特的景致也让人目不暇接。亲近自然，不仅可以领略其鬼斧神工，更可涤荡身心。

11.［原文］平易近人，会见神仙济度；瞒心昧己，便有邪祟出来。

［译文］平易近人的人会得到神仙的帮助；昧着良心做事的人，心中一定会生出邪恶来。

［赏析］修炼好自己，贵人自会来相助。

12.原文］诗书乃圣贤之供案，妻妾乃屋漏之史官。

［译文］读书其实就是把圣贤供在案几上，妻妾却是记载家事的史官。

［赏析］古人太远，得多亲近家人。

13.［原文］强项者未必为穷之路，屈膝者未必为通之媒。故铜头铁面，君子落得做个君子；奴颜婢膝，小人枉自做了小人。

[译文] 不低头的人未必会穷途末路，卑躬屈膝的人未必仕途通达。因此大公无私的人永远都是君子，奴颜婢膝之人永远白白做了小人。

[赏析] 一旦做了小人，一辈子也难以翻身。

14. [原文] 一世穷根，种在一捻傲骨；千古笑端，伏于几个残牙。

[译文] 一辈子穷困，原因就是自己的傲骨；世代为笑柄，原因是人们的口舌。

[赏析] 人情、历史很复杂，有时候只是街谈巷议的谈资罢了。

15. [原文] 一段世情，全凭冷眼觑破；几番幽趣，半从热肠换来。

[译文] 世间冷暖要靠冷眼看穿；几番幽深趣味，多半靠热心肠换来。

[赏析] 要有一双冷眼，更要有一副热心肠。

16. [原文] 舌头无骨，得言句之总持；眼里有筋，具游戏之三昧。

[译文] 舌无骨头，却操纵着话语；火眼金睛，才能看透世间真谛。

[赏析] 管控好自己的嘴巴，少说话；修炼好自己的眼睛，看清人。

17. [原文] 群居闭口，独坐防心。

[译文] 和大伙在一起时要少说话，一个人待着时要防止心乱。

[赏析] 人前少说话，独坐多反思。

18. [原文] 当场傀儡，还我为之；大地众生，任渠笑骂。

[译文] 逢场作戏，我能尽力而为；芸芸众生，任由大家嬉笑怒骂。

[赏析] 做好自己，有些事情就由它去吧！

19.［原文］棋能避世，睡能忘世。棋类耦耕之沮溺，去一不可；睡同御风之列子，独往独来。

［译文］下棋能避世间俗世，睡觉能忘记世间烦恼。然而下棋就像两个耕作的人一样，缺一不可；睡觉如同列子驭风，应独来独往。

［赏析］对当今社会来说，避世、忘世都是不可取的。

20.［原文］一勺水，便具四海水味，世法不必尽尝；千江月，总是一轮月光，心珠宜当独朗。

［译文］一勺水也有水的味道，因此没必要一一品尝全世界的水；千万江河中的月，也是天上那一轮月亮映照出来的，因此人心应只有一轮明月朗朗。

［赏析］人生不是什么事情都要去尝试，不是什么人都要交往的。

21.［原文］面上扫开十层甲，眉目才无可憎；胸中涤去数斗尘，语言方觉有味。

［译文］扫掉脸上的伪装，眉目其实不可憎；洗掉心中的尘埃，才能说出有意味的话来。

［赏析］不伪装、说真话，我们以真面目示人。

22.［原文］愁非一种，春愁则天愁地愁；怨有千般，闺怨则人怨鬼怨。天懒云沉，雨昏花蹙，法界岂少愁云；石颓山瘦，水枯木落，大地觉多窘况。

［译文］愁不止一种，春天发愁，那么天也愁地也愁；怨有千种，闺中有怨，则人也怨鬼也怨。天懒云低，昏乱的雨中，花儿蹙眉，自然法则难道少得了愁云；石头颓败山也瘦，水枯竭了树叶落了，大地好像窘迫极了。

［赏析］天地自然之法，其实就是人生百味。

23. [原文] 俗气入骨，即吞刀刮肠，饮灰洗胃，觉俗态之益呈；正气效灵，即刀锯在前，鼎镬具后，见英风之益露。

[译文] 骨中有俗气，即便吞刀刮肠，饮灰洗胃，也只能越来越俗；灵魂中有正气，即使刀锯在前，鼎镬在后，也可见其英武之气。

[赏析] 红尘俗世中，要养一身浩然正气。

24. [原文] 于琴得道机，于棋得兵机，于卦得神机，于兰得仙机。

[译文] 琴声中可得万物之道的玄机，棋中可得兵法之玄机，八卦中可得神的旨意，兰花中可得神仙的真谛。

[赏析] 万物皆有玄机，我们要用心寻觅。

25. [原文] 相禅遐思唐虞，战争大笑楚汉。梦中蕉鹿犹真，觉后莼鲈一幻。

[译文] 关于禅让要想想尧舜，战争要看西楚霸王项羽与汉高祖刘邦的争斗。梦中的蕉鹿之事好像是真的，醒后莼鲈之味如梦幻。

[赏析] 梦醒之后，才发觉自己争来争去的东西竟然这么没有意义。

26. [原文] 世界极于大千，不知大千之外更有何物；天宫极于非想，不知非想之上毕竟何穷。

[译文] 世界很大，大千世界之外还有什么东西？天宫在我们的想象之外，除此还有什么是未穷尽的？

[赏析] 世界之大，我们能认识的东西不多。

27. [原文] 千载奇逢，无如好书良友；一生清福，只在茗碗炉烟。

[译文] 千载奇事，不如有好书做良友；一生清福，只在茶酒之间。

[赏析] 世间万事，茶酒最美。

28. [原文] 作梦则天地亦不醒，何论文章；为客则洪蒙无主人，何有章句？

[译文] 如果做梦，天地都不会醒，何况文章；人是世界的过客，世界也从未有主人，更何况章句？

[赏析] 不要把自己看得太重，我们不过是沧海一粟而已。

29. [原文] 艳出浦之轻莲，丽穿波之半月。

[译文] 江湖中长出的清丽莲花是最艳丽的，荡漾于柔波中的月光是最美的景色。

[赏析] 经历世事之后，才觉自然最真。

30. [原文] 云气恍堆窗里岫，绝胜看山；泉声疑泻竹间樽，贤于对酒。

[译文] 透过窗户，云霞堆砌，比看远处的山峦还有意思；泉声仿佛倾泻竹林的酒樽，比对酒当歌还有意思。

[赏析] 放下尘心，自然为我所用。

31. [原文] 杖底唯云，囊中唯月，不劳关市之讥；石笋藏书，池塘洗墨，岂供山泽之税。

[译文] 竹杖下只有云彩，酒囊中只有月亮，不为世人的讥讽而劳神；用石竹做成的工具藏书，在池塘中洗墨，这岂不是山川给的贡献？

[赏析] 人要有情怀，要有浪漫之心。这里的浪漫指的是要学会在生活中找到乐趣，即使身处苦难之中，有一个良好的心态，也会让我们做事更顺利。

32. ［原文］有此世界，必不可无此传奇；有此传奇，乃可维此世界。则传奇所关非小，正可借《西厢》一卷，以为风流谈资。

［译文］这样的世界里不可没有这样的传奇；这样的传奇，才能维系这样的世界。这样的传奇关系非小，可借一卷《西厢记》，当作风流的谈资。

［赏析］《西厢记》写尽了多少痴男怨女的心中话？

33. ［原文］非穷愁不能著书，当孤愤不宜说剑。

［译文］不到穷困潦倒时不要著书立说；孤独愤懑时，不要谈论刀剑。

［赏析］修行的火候不到，不宜实施计划。

34. ［原文］湖山之佳，无如清晓春时。当乘月至馆，景生残夜，水映岑楼，而翠黛临阶，吹流衣袂，莺声鸟韵，催起哄然。披衣步林中，则曙光薄户，明霞射几，轻风微散，海旭乍来。见沿堤春草霏霏，明媚如织，远岫朗润出林，长江浩渺无涯，岚光晴气，舒展不一，大是奇绝。

［译文］最美的湖光山色，就在春天清晨之时。月上驿馆，残夜生出别致的景色，水中倒映着高高的楼阁，淡青色的晨曦照在台阶上，风儿吹动衣袂，黄莺啼叫和着鸟鸣，把人突然催醒。披衣到林中，见曙光射入人家中，微风散去，旭日初照。见沿堤春草霏霏，明媚得如刚织成的绿毯，远处的山峦朗润得如刚出浴的美人，长江浩瀚，岚光晴气，舒展出各种各样的姿态，真是一大奇绝美景啊！

［赏析］一个人看山景，能听见自己的心声。

35. ［原文］心无机事，案有好书，饱食晏眠，时清体健，此是上界真人。

［译文］没有什么心机，桌上有好书，能吃饱睡好，时刻觉得身体健康，

这就是上界神仙。

〔赏析〕要想读懂书，就必须与实践相结合。

36.〔原文〕读《春秋》，在人事上见天理；读《周易》，在天理上见人事。

〔译文〕读《春秋》，能悟到世间人事之上的真理；读《易经》，能明白自然规律，而看见世间万事之理。

〔赏析〕天理与人事本就是相通的。其实，在生活中，许多事情都是相互联系、相互影响的，只要我们细心体会，自会发现其中的奥妙。

37.〔原文〕镜花水月，若使慧眼看透；笔彩剑光，肯教壮志销磨。

〔译文〕镜中花水中月，只有慧眼才能看透；文才武略，怎能让壮志消磨殆尽呢？

〔赏析〕练就一双慧眼吧，看透人和事。

38.〔原文〕烈士须一剑，则芙蓉赤精，不惜千金购之。士人唯寸管，映日干云之器，那得不重价相索！

〔译文〕英雄需要一把宝剑，才能有至纯至真的英雄气，因此不惜重金购买。文人手中要有一支毛笔，就如呼风唤雨的武器，哪有不花重金购买的？

〔赏析〕鲜花送美人，宝剑赠英雄。

39.〔原文〕烘日吐霞，吞河漱月；气开地震，声动天发。

〔译文〕红日吐霞，可吞河洗月。气势可让大地震动，那声音就如上天发出的一样。

〔赏析〕初升的太阳，具有一种撼人心魄的美。

40.［原文］议论先辈，毕竟没学问之人；奖惜后生，定然关世道之寄。

［译文］总议论先辈的人，大多是没学问的人；奖励后生晚辈，一定寄托着对未来的希望。

［赏析］友人相处，往往可共患难，不可同享福。

41.［原文］贫富之交，可以情谅，鲍子所以让金；贵贱之间，易以势移，管宁所以割席。

［译文］贫富之交，可以因有感情而体谅，这就是鲍叔牙让金给管仲的原因；贵贱之间的友谊，有可能因地位变化而改变，这就是管宁割席与友绝交的原因。

［赏析］朋友相处共患难容易，但共富贵难，因此，与人相交一定要掌握好其中的分寸。

42.［原文］论名节，则缓急之事小；较生死，则名节之论微。但知为饿夫以采南山之薇，不必为枯鱼以需西江之水。

［译文］说起名节，轻重缓急为小事；计较生死，名节之论微乎其微。所以伯夷叔齐可以采野菜为生，为救口渴的鱼而引西江水则大可不必。

［赏析］名节或生死的重要性，要具体问题具体分析。

43.［原文］鹏为羽杰，鲲称介豪，翼遮半天，背负重霄。

［译文］大鹏是鸟中豪杰，鲲为鱼中豪杰，大鹏的翅膀能遮住半边天，能背起九重云霄。

［赏析］做人要学鲲鹏之志。

44.［原文］点破无稽不根之论，只须冷语半言；看透阴阳颠倒之行，惟此冷眼一只。

[译文] 驳倒没有依据的无稽之谈，只需半句冷言；看透世间倒行逆施之行为，只需一只冷眼。

[赏析] 流言蜚语不必放在心上，世间丑态何妨冷眼旁观。

45. [原文] 古之钓也，以圣贤为竿，道德为纶，仁义为钩，利禄为饵，四海为池，万民为鱼。钓道微矣，非圣人其孰能之。

[译文] 古代钓鱼之道，是以圣贤为钓竿，道德为渔线，仁义为钓钩，利禄为钓饵，四海为钓池，百姓为鱼。钓鱼之道虽然微不足道，但是除了圣贤谁能做得到？

[赏析] 治国要有民本思想。

46. [原文] 浮云回度，开月影而弯环；骤雨横飞，挟星精而摇动。

[译文] 浮云旋转开合，月影回旋变幻；急雨横飞，如星星一样闪烁摇曳。

[赏析] 有心之人，浮云、骤雨也美不胜收。

47. [原文] 天台嵘起，绕之以赤霞；削成孤峙，覆之以莲花。

[译文] 天台山高耸，有红霞环绕；刀削般的峭壁耸起，四周有莲花一样的山峰包围着。

[赏析] 有云霞，山就不会孤单。

48. [原文] 翻光倒影，擢菡萏于湖中；舒艳腾辉，攒蜻蛛于天畔。

[译文] 拔一朵莲花，看花影倒映着湖光山色；七色彩虹舒展着艳丽的光

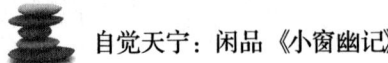

芒，在天边闪耀着。

[赏析] 接天莲叶无穷碧，映日荷花别样红。

49. [原文] 照万象于晴初，散寥天于日余。

[译文] 初晴的阳光照耀着万物，黄昏的霞光散在寥廓的天空中。

[赏析] 太阳总是给人呈现美的一面，不管是朝阳还是落日。

第九章　绮——世界很大，守住心中美好

［原文］朱楼绿幕，笑语勾别座之春；越舞吴歌，巧舌吐莲花之艳。此身如在怨脸愁眉、红妆翠袖之间，若远若近，为之黯然。嗟乎！又何怪乎身当其际者，拥玉床之翠而心迷，听伶人之奏而陨涕乎？集绮第九。

［译文］华丽的红楼、绿色的帷幕，欢歌笑语引来春意浓浓。吴歌越舞，歌声像莲花一样悦耳动听。如同身处愁眉不展而盛装的女子之间，若即若离，叫人黯然神伤。唉！怎么能怪身处此境的人，神魂颠倒于怀抱中的美人，听着乐人的演奏而潸然泪下呢？这是第九章。

［赏析］心有牵挂之人，即便身处欢乐场，也是快乐不起来的。

1. ［原文］天台花好，阮郎却无计再来；巫峡云深，宋玉只有情空赋。瞻碧云之黯黯，觅神女其何踪；睹明月之娟娟，问嫦娥而不应。

［译文］天台山的花开得正好，阮肇却无法再来；巫峡云雾茫茫，宋玉也只能空作辞赋。遥望云海沉沉，上哪儿寻觅神女的踪迹？望着明月，问嫦娥却得不到回应。

［赏析］山水因为有了一些美妙的传说，而更有神韵。

2. ［原文］妆台正对书楼，隔池有影；绣户相通绮户，望眼多情。

［译文］梳妆台对着藏书阁，隔着池塘可见对方身影；绣楼和书房的门相对，看上一眼心中便有无限幸福。

［赏析］每一个多情种子，都将万物赋予了情感。

3. ［原文］莲开并蒂，影怜池上鸳鸯；缕结同心，日丽屏间孔雀。

［译文］莲花并蒂开，倩影怜惜池中的鸳鸯；志趣相同才能永结同心，就像阳光下开屏的孔雀。

［赏析］美好的爱情基于相似的志趣。

4. ［原文］堂上鸣琴操，久弹乎孤凤；邑中制锦纹，重织于双鸾。

［译文］在堂上弹奏孤凤曲；到城里做锦缎，织上双鸾。

［赏析］你得学会经营爱情，让生活升温。

170

5.［原文］镜想分鸾，琴悲别鹤。

［译文］对镜想到分离的鸾鸟，弹奏琴曲《别鹤操》想到离散的夫妻。

［赏析］许多事情是相辅相成的，缺任何一方都不行。

6.［原文］春透水波明，寒峭花枝瘦。极目烟中百尺楼，人在楼中否？

［译文］春光透过水波，显得更加分明，春寒料峭，花枝更显消瘦。远眺烟雾中的高楼，楼上有人吗？

［赏析］明月依旧在，人已不见了踪影。

7.［原文］明月当楼，高眠如避，惜哉夜光暗投；芳树交窗，把玩无主，嗟矣红颜薄命。

［译文］明月照着高楼，可人在睡觉，可惜了这大好的夜色；花木叩击着窗户，把玩无主的花，慨叹红颜薄命。

［赏析］趁着大好时光，我们应该做一些自己想做的事情，多走一走、看一看，努力实现自己的梦想，这样才不会留有遗憾。

8.［原文］鸟语听其涩时，怜娇情之未啭；蝉声听已断处，愁孤节之渐消。

［译文］应听鸟儿未经训练时的声音，就像小女孩的情感未变时，最纯真；蝉声断处，忧愁、清高的情绪也没了。

［赏析］美好总在初见时。

9.［原文］断雨断云，惊魄三春蝶梦；花开花落，悲歌一夜鹃啼。

［译文］截断云雨，惊醒三春蝴蝶梦；花开花落，杜鹃悲伤地啼了一夜。

［赏析］人心善于幻想，于是花开花落、鸟语都有了情感。

10.［原文］衲子飞觞历乱，解脱于樽罍之间；钗行挥翰淋漓，风神在笔墨之外。

［译文］僧人举杯畅饮，在酒樽间找寻解脱；美人挥毫泼墨，风韵在笔墨外。

［赏析］每个人都有不曾展露的另一面。

11.［原文］流苏帐底，披之而夜月窥人；玉镜台前，讽之而朝烟萦树。

［译文］流苏帐卷起来，可看见月光下的人；对着明月，可见朝气萦绕着树木。

［赏析］古人月下当歌，这是一种浪漫，更是一种生活情趣。在现实生活中，工作之余留点空间给自己的家人、朋友。找个时间，邀请家人、朋友一起在月下聚一聚也是不错的。

12.［原文］风流夸坠髻，时世闻啼眉。

［译文］坠马髻流行，人人夸好；啼眉妆好看，女子争相描画。

［赏析］偶尔赶赶时髦也是不错的。

13.［原文］新垒桃花红粉薄，阁楼芳草雪衣凉。

［译文］新开的桃花，连美人看见了都羞愧。楼下芳草萋萋，鹦鹉也感到凄凉。

［赏析］春光短暂，我们要好好珍惜。

14.［原文］李后主宫人秋水，喜簪异花芳草，拂髻鬓尝有粉蝶聚其间，扑之不去。

[译文] 李煜的宫女秋水，喜欢头戴奇花异草，用香草拂发，曾有粉蝶飞到她头上，怎么也赶不走。

[赏析] 爱美之心人皆有之。

15. [原文] 濯足清流，芹香飞涧；浣花新水，蝶粉迷波。

[译文] 在清流中洗脚，芹香传遍山涧；春水滋润着野花，粉蝶迷惑了清流。

[赏析] 有没有这样的山景，让你陶醉？

16. [原文] 昔人有花中十友：桂为仙友，莲为净友，梅为清友，菊为逸友，海棠名友，荼蘼韵友，瑞香殊友，芝兰芳友，蜡梅奇友，栀子禅友。昔人有禽中五客：鸥为闲客，鹤为仙客，鹭为雪客，孔雀南客，鹦鹉陇客。会花鸟之情，真是天趣活泼。

[译文] 古人称花中有十友：桂花是仙友，莲花是净友，梅花是清友，菊花是逸友，海棠是名友，荼蘼花是韵友，瑞香花是殊友，芝兰花是芳友，蜡梅是奇友，栀子花是禅友。古人称禽中有五客：鸥是闲客，仙鹤是仙客，鹭鸶是雪客，孔雀是南客，鹦鹉是陇客。古人这种聚合花鸟的情感，真是天然活泼。

[赏析] 学学古人，在大自然中寻找自己的朋友。

17. [原文] 木香盛开，把杯独坐其下，遥令青奴吹笛，止留一小奚侍酒，才少斟酌，便退立迎春架后。花看半开，酒饮微醉。

[译文] 木香盛开时，端着酒杯独坐树下，远远地让仆人吹笛，只留一个小童倒酒。才喝了一点，便起身来到迎春花架后，看着半开的花儿，人也微

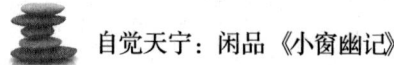

微醉了。

［赏析］美好的田园生活，有花有酒。

18. ［原文］夜来月下卧醒，花影零乱，满人襟袖，疑如濯魄于冰壶。

［译文］夜里在月下醒来，发现花影凌乱，落满全身，怀疑自己的灵魂被泡在月光里了。

［赏析］午夜梦回，月色朦胧，美中添美。

19. ［原文］看花步，男子当作女人；寻花步，女子当作男人。

［译文］看走花步的男子，总以为是女人。寻找走花步的女子，却总把她当成男人。

［赏析］男女有别，做好各自该做的事情。

20. ［原文］窗前俊石冷然，可代高人把臂；槛外名花绰约，无烦美女分香。

［译文］窗前石头冷峻，可代替高人为人把臂；门槛外花儿绰约，不必烦请美人分点香气。

［赏析］有奇石，有花香，无欲无求。

21. ［原文］新调初裁，歌儿持板待的；阄题方启，佳人捧砚濡毫。绝世风流，当场豪举。

［译文］新曲刚谱成，就有小儿拿着快板等人点歌；抓阄的题目刚打开，美人已捧着笔墨开始写字。风流绝代，有感应当场抒发。

［赏析］良性的竞争，对于小到个人，大到企业、国家，都是有利的。因为有竞争才会有进步，才能发展。

22. ［原文］野花艳目，不必牡丹；村酒醉人，何须绿蚁。

［译文］野花也夺目，不一定非要牡丹；村酒一样醉人，不一定非要新酒。

［赏析］不是所有东西都是越贵越好。

23. ［原文］石鼓池边，小草无名可斗；板桥柳外，飞花有阵堪题。

［译文］石鼓、池塘旁边，无名小草也可用来玩斗草游戏；板桥、柳树之外，飞花也可当诗题。

［赏析］每一个生命都是值得尊重和欣赏的。即使是不起眼的小草、柳絮，仔细观察也会发现它们自有无穷的生机与乐趣。

24. ［原文］桃红李白，疏篱细雨初来；燕紫莺黄，老树斜风乍透。

［译文］桃花红，李花白，稀疏的篱笆有细雨穿过；燕是紫色的，莺是黄色的，斜风穿过古树吹来。

［赏析］烟雨如织，春雨朦胧。

25. ［原文］窗外梅开，喜有骚人弄笛；石边雪积，还须小妓烹茶。

［译文］窗外的梅花开了，喜欢有文人吹笛；石头边有积雪，还需要小妾来煮茶。

［赏析］有笛声，有梅花，有雪，夫复何求？

26. ［原文］高楼对月，邻女秋砧；古寺闻钟，山僧晓梵。

［译文］高楼对明月，邻家传来女子捣衣声；古寺传来钟声，原来是和尚在做早课。

［赏析］安静的夜里，有些声响更显安静。

27.［原文］佳人病怯，不耐春寒；豪客多情，犹怜夜饮。李太白之宝花宜障，光孟祖之狗窦堪呼。

［译文］美人病后体质虚弱，禁不起春寒；豪侠多情，喜欢夜里饮酒。所以有李白隔着七宝花障听美人唱歌，而光逸从狗洞中探出头来大喊大叫只为讨口酒喝。

［赏析］佳人楚楚可怜，奇士放浪形骸，俱是风景。

28.［原文］古人养笔以硫黄酒，养纸以芙蓉粉，养砚以文绫盖，养墨以豹皮囊。小斋何暇及此！惟有时书以养笔，时磨以养墨，时洗以养砚，时舒卷以养纸。

［译文］古人用硫黄酒保养毛笔，用芙蓉粉保养纸张，用条纹的绫布保养砚石，用豹皮囊装墨。小书斋哪有时间做到这样？只好靠经常写字来保养毛笔，经常磨墨来保养墨，经常清洗来保养砚石，经常舒卷来保养纸张。

［赏析］富人有富人的生活，穷人有穷人的活法。

29.［原文］芭蕉，近日则易枯，迎风则易破。小院背阴，半掩竹窗，分外青翠。

［译文］芭蕉太靠近阳光便容易枯萎，迎风则容易破损。小院背阴，半掩着竹窗，芭蕉才分外青翠。

［赏析］芭蕉环绕，可听雨打芭蕉。

30.［原文］欧公香饼，吾其熟火无烟；颜氏隐囊，我则斗花以布。

［译文］欧阳修所记载的香饼、石炭，我用的则是无烟的深红火炭；颜之推所记载的斑丝隐囊，我用的则是拼凑碎花布做成的靠枕。

［赏析］生活是自己的，何必处处与人相争？

31.［原文］梅额生香，已堪饮爵；草堂飞雪，更可题诗。七种之羹，呼起袁生之卧；六生之饼，敢迎王子之舟。豪饮竟日，赋诗而散。佳人半醉，美女新妆。月下弹琴，石边侍酒。烹雪之茶，果然剩有寒香；争春之馆，自是堪来花叹。

［译文］画着梅花妆，额头生香气，可以饮酒了；草堂飘雪时，可以题诗。七宝饭做好了，可以叫醒袁安了；六瓣的雪花，敢迎接王子猷的小船了。畅饮一天，赋诗而散。女子半醉，美人画着新妆。月下弹琴，石边喝酒。用雪煮的茶，果然带着寒冷的香气；与春比美的驿馆，自然应为花叹息。

［赏析］莫负良辰美景，才是真潇洒。

32.［原文］黄鸟让其声歌，青山学其眉黛。

［译文］美人嗓音好，黄莺都要跟她学；美人娥眉如黛，青山也要效仿。

［赏析］美人面前，山景都失了颜色。

33.［原文］风开柳眼，露浥桃腮，黄鹂呼春，青鸟送雨，海棠嫩紫，芍药嫣红，宜其春也。碧荷铸钱，绿柳缲丝，龙孙脱壳，鸠妇唤晴，雨骤黄梅，日蒸绿李，宜其夏也。槐阴未断，雁信初来，秋英无言，晓露欲结，蓐收避席，青女办妆，宜其秋也。桂子风高，芦花月老，溪毛碧瘦，山骨苍寒，千岩见梅，一雪欲腊，宜其冬也。

［译文］风吹开柳叶，露水打湿桃花。黄鹂呼叫春天，青鸟送走春雨，海棠嫩紫，芍药嫣红，正是春天的颜色。荷叶如铜钱，绿柳如缲丝。蜻蜓蜕皮，斑鸠召唤晴天，疾雨招来黄梅天，日照绿色的李树，这是夏天的景色。槐树的阴影不断，大雁叫声传来，秋果无语，晓露也要了。蓐收离开，青女化

妆，这是秋天之景。风吹着桂花，月老在芦花下，溪边的野草枯萎，岩石苍冷。千峰中梅花独开，雪来了腊月也快到了，这是冬之景。

[赏析] 只有爱生活的人，才能在各个季节中找到美好。

34. [原文] 画屋曲房，拥炉列坐；鞭车行酒，分队征歌；一笑千金，樗蒲百万；名妓持笺，玉儿捧砚；淋漓挥洒，水月流虹；我醉欲眠，鼠奔鸟窜；罗襦轻解，鼻息如雷。此一境界，亦足赏心。

[译文] 在幽静的房间里，围着炉子并排坐着；围着圈行酒令，分队赛歌；一笑值千金，赌注百万；名妓拿着纸，美人捧着砚；挥毫泼墨，就像水中月、空中虹；我醉了想睡，老鼠跑了，鸟儿也飞走了；解开衣服，鼾声如雷。这种境界，足以让心情愉悦。

[赏析] 有朋自远方来，一醉方休。

35. [原文] 柳花燕子，贴地欲飞，画扇练裙，避人欲进，此春游第一风光也。

[译文] 柳絮中，燕子想要飞起；手把团扇、穿着白裙的佳人，想进去又要避开人，这是春游中的最好风光。

[赏析] 春天到了，柳絮纷飞，燕子低回，美人含羞。

36. [原文] 美丰仪人，如三春新柳，濯濯风前。

[译文] 风度仪表俊美之人，如春天的新柳，春风里显得清丽明媚。

[赏析] 美人如柳似风。

37. [原文] 涧险无平石，山深足细泉；短松犹百尺，少鹤已千年。

[译文] 危险的山涧没有平坦的石头，深山里到处都是涓涓细流。最矮的

松树也有百尺高，最年轻的仙鹤也有千岁了。

[赏析] 在山川万物面前，人是如此渺小。

38. [原文] 梅花舒两岁之装，柏叶泛三光之酒。飘摇余雪，入箫管以成歌；皎洁轻冰，对蟾光而写镜。

[译文] 梅花舒展新年和旧岁的装扮，柏叶泛着日月星三光。雪花飘飘，落入箫管成为曲子；皎洁的薄冰，对着月亮，明亮如镜。

[赏析] 静静的夜里，万物舒展光华。

39. [原文] 鹤有累心犹被斥，梅无高韵也遭删。

[译文] 仙鹤被凡心拖累会被指责，梅花无高雅韵致也遭人削折。

[赏析] 因为高洁，所以人们世代喜爱仙鹤和梅花。

40. [原文] 分果车中，毕竟借人家面孔；捉刀床侧，终须露自己心胸。

[译文] 在车上分果子，毕竟要看人家脸色；在床边给人代笔，要坦露自己的心胸。

[赏析] 既然是幻影，忘了就忘了吧！

41. [原文] 斗草春风，才子愁销书带翠；采菱秋水，佳人疑动镜花香。

[译文] 春风里斗草，才子为书带草翠色将销而忧愁；佳人在秋水中采菱，清澈平静的水面荡起层层涟漪，仿佛是谁动了梳妆的镜台。

[赏析] 春游、秋游，有着不一样的浪漫。

42. [原文] 竹粉映琅玕之碧，胜新妆流媚，曾无掩面于花宫；花珠凝翡翠之盘，虽什袭非珍，可免探颔于龙藏。

[译文] 竹上的粉末映照着竹子的碧绿，胜过刚化妆的美人，即使在花园里也不必掩面；花珠凝结于翡翠玉盘中，即使珍重宝藏的非贵重之物，但可免于龙宫探颌取珠。

[赏析] 自然淳朴，才是真美。

43. [原文] 绕梦落花消雨色，一尊芳草送晴曛。

[译文] 萦绕梦中的落花消减了雨色，一片芳草送走落日余晖。

[赏析] 美好如斯，我们应热爱生活。

44. [原文] 无端泪下，三更山月老猿啼；蓦地娇来，一月泥香新燕语。

[译文] 无缘无故落泪，三更天山上有老猿在啼；突然一阵风吹来，是带着泥土味的燕子的呢喃细语。

[赏析] 燕子是春天的信使，雁声是秋天的讯号。

45. [原文] 燕子刚来，春光惹恨；雁臣甫聚，秋思惨人。

[译文] 燕子刚来，春光恼人；大雁刚聚，秋思愁人。

[赏析] 春去秋来，日复一日，年复一年，时光就在燕子、大雁的南北往返间流逝了。即使再有感慨也找不回往日的时光，因此，我们更应把握好现在的时光。

46. [原文] 韩嫣金弹，误了饥寒人多少奔驰；潘岳果车，增了少年人多少颜色。

[译文] 韩嫣的金弹，耽误了多少饥寒之人的奔波；载着潘安的车子，增添了多少年轻人的容颜。

[赏析] 谁都可以有偶像，古代人也追星。

47. ［原文］微风醒酒，好雨催诗，生韵生情，怀颇不恶。

［译文］微风中，酒醒了，恰如其分的雨催出了诗句，生出情韵，这是个不错的构思。

［赏析］诗情画意，是环境和心情催发的。

48. ［原文］苎罗村里，对娇歌艳舞之山；若耶溪边，拂浓抹淡妆之水。

［译文］苎罗村里，对着大山唱歌跳舞；若耶溪边，拂开浓妆淡抹的流水。

［赏析］远走他乡，游子的心情你了解吗？

49. ［原文］春归何处，街头愁杀卖花；客落他乡，河畔生憎折柳。

［译文］春天在哪里？愁杀卖花人。客走他乡，河边长出了令人烦恼的柳条。

［赏析］世间万物自有其规律，它不因人而异。而人心中的爱恨憎恶却因人心而起，因此，把握自己的心态，以宽容、平和的心态去面对生活、工作，也许就不会有那么多的烦恼和问题了。

50. ［原文］同气之求，惟刺平原于锦绣；同声之应，徒铸子期以黄金。

［译文］想找到同气相求之人，只能在丝织品上刺出平原君像；想找到同声相应之友，只能用黄金铸钟子期像。

［赏析］平原君、钟子期，你渴望遇到这样的人吗？

51. ［原文］胸中不平之气，说情山禽；世上叵测之心，藏之烟柳。

［译文］胸中有不平之气，可以说给大山鸟兽听；世上有叵测之心，最好藏在烟柳下。

[赏析] 有心事时，你得寻找发泄的通道。

52. [原文] 论声之韵者，曰溪声、涧声、竹声、松声、山禽声、幽壑声、芭蕉雨声、落花声，皆天地之清籁，诗坛之鼓吹也，然销魂之听，当以卖花声为第一。

[译文] 要说各种声音中有韵味的，溪流声、山涧声、竹浪声、松涛声、山鸟声、幽谷声、雨打芭蕉声，落花声，这些都是天籁之音，诗人经常赞美它们，但最销魂的还是卖花人的叫卖声。

[赏析] 自然之声，生活之声，各有韵味。

53. [原文] 石上酒花，几片湿云凝夜色；松间人语，数声宿鸟动朝喧。

[译文] 在石头上喝酒看花，几片云彩凝结了夜色；松林里有人说话，几声鸟叫惊动了早上的喧嚣。

[赏析] 每天晚上闭眼前看到的是花、云、夜色，每天早上睁眼前听到的是松涛鸟语。这是多么令人向往的生活。

54. [原文] 媚字极韵，但出以清致，则窈窕俱见风神，附以妖娆，则做作毕露丑态。如"芙蓉媚秋水"，"绿篠媚清涟"，方不着迹。

[译文] "媚"字有味，用在清丽雅致的地方，则会在窈窕中见风韵，如果加上妖娆，就会呈现丑态。只有像芙蓉妩媚于秋水，绿竹妩媚于清涟，才不着一点俗迹。

[赏析] 每个人都有与众不同的美丽，但通常人们更欣赏那些自然不做作的人，那些矫揉造作的人则会让人心生反感。去掉矫揉造作，做真实的自己，才是最美丽的。

55. [原文] 武士无刀兵气，书生无寒酸气，女郎无脂粉气，山人无烟霞气，僧家无香火气，换出一番世界，便为世上不可少之人。

[译文] 武士没有刀兵义气，书生没有寒酸之气，美人没有胭脂气，隐士没有烟霞气，僧人没有香火气，换出另一个世界，便是世上不可缺之人。

[赏析] 应该勇敢打破成见，活出更精彩的自己。

56. [原文] 情词之娴美，《西厢》以后，无如《玉合》《紫钗》《牡丹亭》三传，置之案头，可以挽文思之枯涩，收神情之懒散。

[译文] 情词的美，《西厢记》之后，没有能比得上《玉合记》《紫钗记》《牡丹亭》的了。放在案头，可以拯救枯竭的文思，收起懒散的神情。

[赏析] 读好书，如沐春风。

57. [原文] 俊石贵有画意，老树贵有禅意，韵士贵有酒意，美人贵有诗意。

[译文] 好看的石头贵在有诗情画意，老树贵在有禅意，诗人贵在有酒意，美人贵在有诗意。

[赏析] 情趣高雅，方能与众不同。

58. [原文] 红颜未老，早随桃李嫁春风；黄卷将残，莫向桑榆怜暮景。

[译文] 红颜未老，早就跟着桃李嫁给了春风；书要破损了，不朝桑榆可怜晚景。

[赏析] 世间总有一些声音，让你泪流满面。

59. [原文] 销魂之音，丝竹不如著肉。然而风月山水间，别有清魂销于清响，即子晋之笙，湘灵之瑟，董双成之云璈，犹属下乘。娇歌艳曲，不尽混乱耳根。

[译文] 销魂的音乐，丝竹不如酒肉。然而风月山水之间，有清雅的灵魂融于清响，就是子晋的笙，湘水女神的瑟，董双成的云锣，也是下等的。娇歌艳曲，不过扰人耳根罢了。

[赏析] 学会欣赏一些有品质的音乐，可以提升自己的音乐品位，提升自身的修养和气质。

60. [原文] 高僧筒里送信，突地天花坠落；韵妓扇头寄画，隔江山雨飞来。

[译文] 高僧用竹筒送来诗作，突然天花乱坠；有韵味的妓女在扇子上画画，隔着江山有雨飞来。

[赏析] 俗世红尘，细心的人也能看见美好。

61. [原文] 酒有难悬之色，花有独蕴之香，以此想红颜媚骨，便可得之格外。

[译文] 酒有独特色泽，花有独特馨香。以此想到美人，便会有其他收获。

[赏析] 世间万物各有其美，而我们要善于在身边俗世百态中发现诗意的美，这才是一个人的切实功夫。

62. [原文] 每到日中重掠鬓，襕衣骑马绕宫廊。

[译文] 每到中午要重新整理鬓角，穿着骑马专用衣服的人在宫里试马。

[赏析] 衣冠正与不正，妆容得不得体，这是一个人给人最直接的印象。而印象好与坏，也将关系到人际交往是否顺利，甚至关系到事业的成功与否。因此，要注意自己的仪表。

63.［原文］绝世风流，当场豪举。世路既如此，但有肝胆向人；清议可奈何，曾无口舌造业。

［译文］绝代风流，当场的豪杰之举。世事已经如此，还用一副肝胆待人；遭遇别人的议论又怎么办呢，自己不要嚼舌根。

［赏析］不嚼舌根，尊重别人。

64.［原文］莹以玉琇，饰以金英；绿荾悬插，红藻倒生。

［译文］用晶莹美玉点缀，用金黄的花装扮。就像在空中摇曳的绿荾红藻。

［赏析］只要搭配得当，总能体现出极致的美。

65.［原文］浮沧海兮气浑，映青山兮色乱。

［译文］大海气象雄浑，青山倒映其间，色彩斑斓。

［赏析］在山海面前，什么烦恼都可以放下。

66.［原文］视莲潭之变彩，见松院之生凉；引惊蝉于宝瑟，宿兰燕于瑶筐。

［译文］看莲花潭色彩变幻，见松院里顿生阴凉。弹瑟惊起秋蝉，把兰燕装入瑶筐。

［赏析］季节变换，人的心态也要跟着变化。

67.［原文］蒲团布衲，难于少时存老去之禅心；玉剑角弓，贵于老时任少年之侠气。

［译文］蒲团、僧衣，难的是少年时就有老去的禅心；宝剑、良弓，贵在老了还有侠义之气。

［赏析］少有老成心，老时不忘少，难能可贵！

第十章　豪——慷慨豪迈，自有浩然正气

[原文] 今世矩视尺步之辈，与夫守株待兔之流，是不束缚而阱者也。宇宙寥寥，求一豪者，安得哉？家徒四壁，一掷千金，豪之胆；兴酣落笔，泼墨千言，豪之才；我才必用，黄金复来，豪之识。夫豪既不可得，而后世倜傥之士，或以一言一字写其不平，又安与沉沉故纸同为销没乎！集豪第十。

[译文] 在这个社会上，墨守成规及守株待兔的人，是用不着受到束缚就会自落陷阱的。在广阔的宇宙间，要到哪里才能找到一个豪爽之人？家徒四壁，一掷千金，这是豪杰的胆色；兴酣落笔，泼墨千言，这是豪杰的才气；天生我材必有用，千金散尽还复来，这是豪杰的见识。豪杰难再见，后世潇洒的人，或用一句话、一个字来抒写内心不平，怎么能让这些人在故纸堆里默默无闻？这是第十章。

[赏析] 社会向前发展，人的眼光也要与时俱进。要做一个敢为天下先的人，不要在故纸堆里消磨时间和生命。

1. [原文] 桃花马上春衫，少年侠气；贝叶斋中夜衲，老去禅心。

[译文] 春天跨上桃花马，让衣衫在风中飘逸，就像豪侠一样；身居佛寺，夜里诵经的老衲，一副老态龙钟的样子，心静有禅。

[赏析] 年少轻狂，老来悠闲，真好！

2. [原文] 骥虽伏枥，足能千里；鹄即垂翅，志在九霄。

[译文] 虽被束缚在槽中，但好马还是能跑千里；即便翅膀垂下了，但鸿鹄之志仍在九天。

[赏析] 英雄从不因为逆境而放弃梦想。

3. [原文] 慷慨之气，龙泉知我；忧煎之思，毛颖解人。

[译文] 慷慨之气，龙泉剑知我；忧思煎熬，毛笔能理解我。

[赏析] 情绪需要排解，排解需要工具。

4. [原文] 不能用世而故为玩世，只恐遇着真英雄；不能经世而故为欺世，只好对着假豪杰。

[译文] 因不能被重用而玩世不恭，就怕遇到真英雄；因不能认识社会而欺世盗名，只好面对假豪杰。

[赏析] 你无法选择出身，但是可以改变命运。

5. ［原文］绿酒但倾，何妨易醉；黄金既散，何论复来。

［译文］绿酒倒完了，轻易醉了又何妨；黄金散尽，何必又说再来？

［赏析］人生得意须尽欢，有些欢乐是金钱买不来的。

6. ［原文］诗酒兴将残，剩却楼头几明月；登临情不已，平分江上半青山。

［译文］没了诗兴，席上只有残羹冷炙，天地间只剩下悬挂在楼头的一轮明月；登高临水情不尽，平分了江上的半座青山。

［赏析］没了兴致，美酒、明月也是形同虚设。

7. ［原文］假英雄专映不鸣之剑，若尔锋芒，遇真人而落胆；穷豪杰惯作无米之炊，此等作用，当大计而扬眉。

［译文］假英雄爱用吹不响的剑，这是露锋芒，遇到真英雄就会吓破胆；穷豪杰能做无米之炊，这样的能力是人生大计，可以扬眉吐气。

［赏析］假英雄连自己都骗不了。

8. ［原文］深居远俗，尚愁移山有文；纵饮达旦，犹笑醉乡无记。

［译文］隐居深山，远离世俗，还是忧愁《北山移文》这样的文章；放开情怀喝一个通宵，还笑话醉里没人作记。

［赏析］不与古人争风，亦不与古人怄气。

9. ［原文］风会日靡，试具宋广平之石肠；世道莫容，请收姜伯约之大胆。

［译文］风俗颓败，要试着让自己拥有宋广平的铁石心肠。世道不容，请收下姜维这样有胆略的人。

[赏析] 改变不了环境，就改变自己吧。

10. [原文] 吐虹霓之气者，贵挟风霜之色；依日月之光者，毋怀雨露之私。

[译文] 有霓虹气势的豪杰，贵在能带来风霜沧桑的精神；靠日月才能发出光芒的东西，不要整天怀着承接雨露的想法。

[赏析] 人生苦短，多想想为社会创造了什么，而不是老想着索取。

11. [原文] 清襟凝远，卷秋江万顷之波；妙笔纵横，挽昆仑一峰之秀。

[译文] 清高的胸襟才能高远，才能卷起万顷波涛。妙笔纵横，才能挽起昆仑秀色。

[赏析] 培养气吞山河之气，培养妙笔生花之功。

12. [原文] 闻鸡起舞，刘琨其壮士之雄心乎；闻筝起舞，迦叶其开士之素心乎！

[译文] 刘琨一听到鸡叫就起床习武，这是刘琨的壮志雄心；迦叶听到筝声就开始舞动，这是开启了菩萨的素心。

[赏析] 闻鸡起舞是雄心，闻琴起舞是素心。

13. [原文] 读书倦时须看剑，英发之气不磨；作文苦际可歌诗，郁结之怀随畅。

[译文] 读书累了要看看剑，英雄之气不可磨灭；写文章清苦时可以吟诗，郁结在心中的烦恼才会消失。

[赏析] 劳逸结合，人要有点爱好。

14. [原文] 交友须带三分侠气，作人要存一点素心。

[译文] 交友时要带三分豪侠之气，做人要存纯洁之心。

[赏析] 保持纯洁之心，要与心意相通的人成为交心好友。

15. [原文] 栖守道德者，寂寞一时；依阿权变者，凄凉万古。

[译文] 严格遵守道德的人，寂寞只是一时的；阿谀奉承的人，内心的凄凉是一辈子的。

[赏析] 守住道德，摒弃阿谀奉承，寂寞一时，温暖一生。

16. [原文] 献策金门苦未收，归心日夜水东流。扁舟载得愁千斛，闻说君王不税愁。

[译文] 想向朝廷献策，却没有任何收获。回家的心思像日夜奔腾的江水一样。扁舟能载动千斛愁绪，听说君王从来不征收忧愁的赋税。

[赏析] 心系天下，受点挫折又如何？

17. [原文] 龙津一剑，尚作合于风雷；胸中数万甲兵，宁终老于牖下。此中空洞原无物，何止容卿数百人。

[译文] 龙津剑挥舞起来如风雷；胸中有数万甲兵，宁可终老于小窗之下。这里原本空洞无物，何止能装下数百人。

[赏析] 既然胸有大志，就应报效祖国。

18. [原文] 英雄未转之雄图，假糟邱为霸业；风流不尽之余韵，托花谷为深山。

[译文] 英雄不能施展宏图，借酒糟成就霸业。风流不尽有余韵，将花谷当成深山。

［赏析］流连花酒中，英雄无奈。

19.［原文］大丈夫居世，生当封侯，死当庙食。不然，闲居可以养志，诗书足以自娱。

［译文］大丈夫就应该生当封侯，死当享受世人香火。否则，可以闲居养志趣，读诗书来自乐。

［赏析］大丈夫立于天地间，出则封侯拜相，入则诗书传家。

20.［原文］不恨我不见古人，惟恨古人不见我。

［译文］不怨恨我见不到古人，应怨恨古人见不到我。

［赏析］考虑问题要多从不同角度看，这样就会得到不一样的答案，自己也就不会因为某种原因达不到自己想要的结果而伤心。

21.［原文］荣枯得丧，天意安排，浮云过太虚也；用舍行藏，吾心镇定，砥柱在中流乎？

［译文］茂盛、枯萎，得到、失去，这些是上天的安排，就像浮云过境。当为世所用时，则积极努力地去做；当不为世所用时，则退而隐居起来。我的心镇定，如同中流砥柱。

［赏析］有时候，我们应尽人事听天命。

22.［原文］曹曾积石为仓以藏书，名曹氏石仓。

［译文］曹曾砌石为仓库，用以藏书，取名"曹氏石仓"。

［赏析］藏书是读书人最大的财富。

23.［原文］丈夫须有远图，眼孔如轮，可怪处堂燕雀；豪杰宁无壮志，风棱似铁，不忧当道豺狼。

[译文] 大丈夫应该有远大的抱负，眼睛如轮，不能像燕雀一样目光短浅；豪杰宁可没有凌云壮志，品行也要刚正不阿，不忧惧豺狼当道。

[赏析] 豪杰只是比普通人多了一副铁骨而已。

24. [原文] 云长香火，千载遍于华夷；坡老姓名，至今口于妇孺。意气精神，不可磨灭。

[译文] 关羽的香火，千百年来在华夏大地上没有断过；苏轼的名字，从古到今都是妇孺皆知的。因此，人的意气精神是不可磨灭的。

[赏析] 人生在世，应留下点有价值的东西。

25. [原文] 据床嗒尔，听豪士之谈锋；把盏惺然，看酒人之醉态。

[译文] 坐在榻上聚精会神地听豪杰高谈阔论；不断喝着酒，内心却始终清醒，可以看看喝酒之人的各种醉态。

[赏析] 滚滚红尘中，我们要保持清醒。

26. [原文] 登高远眺，吊古寻幽。广胸中之丘壑，游物外之文章。

[译文] 登上高地远眺，凭吊古人，观赏幽深胜景。开阔胸中的山河，欣赏物外的文章。

[赏析] 凭吊古人，总让人心中升起许多感慨。

27. [原文] 胡宗宪读《汉书》，至终军请缨事，乃起拍案曰："男儿双脚当从此处插入，其它皆狼藉耳！"

[译文] 胡宗宪读《汉书》时，读到终军请战处，拍案而起说："男儿双脚当从此处开始，其他都是胡说！"

[赏析] 读书可以使人奋发图强。

28. [原文] 宋海翁才高嗜酒，睥睨当世。忽乘醉泛舟海上，仰天大笑，曰：“吾七尺之躯，岂世间凡土所能贮？合以大海葬之耳！”遂按波而入。

[译文] 宋海翁才高八斗又喜欢喝酒，看不起世间的人和事。有一次他乘着醉意泛舟海上，仰天大笑说：“我七尺之躯，岂是世间凡土所能安放？只有大海才配葬我啊！”于是纵身跳入海中。

[赏析] 是真名士自风流。

29. [原文] 王濛有好形仪，每览镜自照，曰：“王文开那生宁馨儿。”

[译文] 王濛仪表堂堂，每次对着镜子说：“王讷怎么生了这么个漂亮儿子啊！”

[赏析] 人得多少有点幽默感。

30. [原文] 毛澄七岁善属对，诸喜之者赠以金钱，归掷之曰：“吾犹薄苏秦斗大，安事此邓通靡靡！”

[译文] 毛澄七岁就擅长对对子，喜爱他的人都给他钱。毛澄每次回来都把钱一扔，说：“我连苏秦那斗大的金印都看不上，哪里看得上这些小钱？”

[赏析] 三岁看老，此言不虚。

31. [原文] 梁公实荐一士于李于麟，士欲以谢梁，曰：“吾有长生术，不惜为公授。”梁曰：“吾名在天地间，只恐盛着不了，安用长生！”

[译文] 梁公实曾向李于麟推荐一士子，士子想感谢他，说：“我有长生不老秘术，现在把它传授给你。”梁公实说：“我的名声在天地间，恐怕是天地装不下的，哪里需要什么长生不老？”

[赏析] 只要为世人留下声名，何须长生不老？

32. [原文] 吴正子穷居一室，门环流水，跨木而渡，渡毕即抽之。人问故，笑曰："土舟浅小，恐不胜富贵人来踏耳。"

[译文] 吴正子穷居在一室里，门外流水环绕。他用木板搭了座小桥，人过去后就抽掉木板。人问缘故，他笑着说："小船窄小，恐怕难以承受富人的践踏啊！"

[赏析] 帮助他人，不在于自己有没有钱，而是力所能及地做一些自己能做到的事情，对于他人来说就是最好的帮助了。

33. [原文] 吾有目有足，山川风月，吾所能到，我便是山川风月主人。

[译文] 我有眼有脚，山川风月都能抵达，那我就是山川风月的主人。

[赏析] 心怀远大，当飞则飞。

34. [原文] 大丈夫当雄飞，安能雌伏？

[译文] 大丈夫应雄劲地飞起，怎么能像雌性动物一样匍匐着呢？

[赏析] 大丈夫顶天立地，这是许多男人心中的梦想。想要实现这个梦想，就要多一点野心，多一些海纳百川的胸怀和气吞山河的气势。

35. [原文] 青莲登华山落雁峰，曰："呼吸之气，想通帝座。恨不携谢朓惊人之句来，搔首问青天耳！"

[译文] 李白登上华山落雁峰说："呼吸的气息，想来是可通往天堂的。恨没有把谢朓的惊人诗句带来，搔首询问老天啊！"

[赏析] 登高，可与老天对话，听见心灵呼唤。

36. [原文] 旨言不显，经济多托之工瞽刍荛；高踪不落，英雄常混之渔樵耕牧。

[译文] 有意义的话不显露，经世济国的人往往假托于乐人、樵夫。高逸之人不落俗套，英雄往往混迹于渔樵耕牧之人当中。

[赏析] 草莽之中也有大英雄。

37. [原文] 高言成啸虎之风，豪举破涌山之浪。

[译文] 高尚的言论往往有虎啸之风，豪侠的举动可以把拍山的大浪打破。

[赏析] 英雄自有一股威武之气。

38. [原文] 管城子无食肉相，世人皮相何为？孔方兄有绝交书，今日盟交安在？

[译文] 毛笔上无荣华富贵之相，世人的皮相又如何呢？因为钱而与别人绝交，今日的交情在哪里呢？

[赏析] 有时候，友情经不起挫折和金钱的考验。

39. [原文] 襟怀贵疏朗，不宜太逞豪华；文字要雄奇，不宜故求寂寞。

[译文] 襟怀贵在开阔明朗，不应过于卖弄豪侠；作文写字需雄伟气魄，不应故意求寂寞。

[赏析] 人贵在真诚，不应矫揉造作。

40. [原文] 为文而欲一世之人好，吾悲其为文；为人而欲一世之人好，吾悲其为人。

[译文] 写文章的人想让所有人都说好，我为他写文而悲哀；一个人想让

所有人都说好，我为他的为人而悲哀。

[赏析] 不要一味追求别人的好评，否则将误入歧途。

41. [原文] 胸中无三万卷书，眼中无天下奇山川，未必能文。纵能，亦无豪杰语耳。

[译文] 胸中没有三万卷书，眼里没有天下山川，想写出好文章是很难的。即使能写文章，也未必有豪杰之言。

[赏析] 读万卷书，还要行万里路。

42. [原文] 孟宗少游学，其母制十二幅被，以招贤士共卧，庶得闻君子之言。

[译文] 孟宗小时外出游学，他母亲为他缝制了十二床被子，这样就可以让那些贫穷的贤士一起来睡觉，好让他听到君子之言。

[赏析] 母爱总在细节里感动着我们。

43. [原文] 张烟雾于海际，耀光景于河渚；乘天梁而浩荡，叫帝阍而延伫。

[译文] 烟雾把海天遮蔽了，河边的沙洲闪耀着光影，乘着天梁星驰骋于浩荡的天宇，叩响天门，等待着天门打开。

[赏析] 漫游天际，是无数人曾经的梦想。

44. [原文] 声誉可尽，江天不可尽；丹青可穷，山色不可穷。

[译文] 声誉可穷尽，但江水和天空没有尽头；丹青可以穷尽，但山色不能穷尽。

[赏析] 与大自然相比，人是如此微不足道。

45.［原文］闻秋空鹤唳，令人逸骨仙仙；看海上龙腾，觉我壮心勃勃。

［译文］听到空中传来鹤的鸣叫声，有一种飘飘欲仙的感觉；看到海上波涛汹涌，感觉精神振奋，雄心勃勃。

［赏析］大自然是人生旅途的"加油站"。

46.［原文］明月在天，秋声在树，珠箔卷啸倚高楼；苍苔在地，春酒在壶，玉山颓醉眠芳草。

［译文］明月悬挂在天上，秋虫在树梢上鸣叫，珠帘卷起，倚在高楼上放声高唱；绿色的青苔把大地覆盖，壶中装上春酒，像嵇康那样醉卧芳草。

［赏析］明月里，登高望远，醉眠芳草，神仙般的享受。

47.［原文］胸中自是奇，乘风破浪，平吞万顷苍茫；脚底由来阔，历险穷幽，飞度千寻香霭。

［译文］胸中清奇，乘风破浪，把万顷大地吞没；脚下宽阔，历尽艰辛，看尽一切幽景，飞跃千里香气烟霞。

［赏析］胸有清奇，才能有气吞万里之志。

48.［原文］松风涧雨，九霄外声闻环佩，清我吟魂；海市蜃楼，万水中一幅画图，供吾醉眼。

［译文］松林里的风，山涧中的雨，仿佛九霄云外的环佩之声，让人顿觉清爽；海市蜃楼，万水汇聚处的一幅图画，让人大饱眼福。

［赏析］风雨后，海市蜃楼是仙境般的图景。

49.［原文］人每诮余腕中有鬼，余谓：鬼自无端入吾腕中，吾腕中未尝有鬼也。人每责余目中无人，余谓：人自不屑入吾目中，吾目中未尝无人也。

[译文] 人们总说我手腕中有鬼相助，我说是鬼自己进入我腕中的，我的腕中从来没有鬼。人们总是责备我目中无人，我说是别人不屑于进入我的眼中，我的眼中从来都有人。

[赏析] 很多事情并不是你眼中看到的样子。

50. [原文] 天下无不虚之山，惟虚故高而易峻；天下无不实之水，惟实故流而不竭。

[译文] 天下没有不空之山，唯有空虚才显得陡峻。天下没有不充实的水，唯有充实才能不枯竭。

[赏析] 山水屹立千年，在于它们的"空"和"实"。

51. [原文] 放不出憎人面孔，落在酒杯；丢不下怜世心肠，寄之诗句。

[译文] 脸上摆不出憎人的表情，都在酒杯里了。心中丢不开怜世的心肠，都寄托在诗句里了。

[赏析] 花可解愁，诗句可倾诉衷肠。

52. [原文] 春到十千美酒，为花洗妆；夜来一片名香，与月熏魄。

[译文] 春天送来名贵美酒，为花洗妆容；夜里送来一阵清香，把月亮熏醉。

[赏析] 闻香识人。每个人都有属于他的味道，这也正是他魅力的体现。

53. [原文] 忍到熟处则忧患消，淡到真时则天地赘。

[译文] 忍耐到时机成熟时，忧患自然消除；淡泊到真诚时，天地就不存在了。

［赏析］能忍之人，才能见天地。

54.［原文］醺醺熟读《离骚》，孝伯外敢曰并皆名士；碌碌常承色笑，阿奴辈果然尽是佳儿。

［译文］喝得醉醺醺时熟读《离骚》，和王恭一样也敢说自己是名士；忙忙碌碌地迎合别人欢笑，晚辈果然都是好孩子。

［赏析］做一个真孝顺的孩子，说不易也容易，说容易也不易。

55.［原文］飞禽铩翮，犹爱惜乎羽毛。志士捐生，终不忘乎老骥。

［译文］飞鸟伤了翅膀，仍然爱惜羽毛。志士献出生命，也不忘老骥伏枥。

［赏析］只要曾经发光发热过，生命就有了价值。

56.［原文］敢于世上放开眼，不向人间浪皱眉。

［译文］敢于在世上放眼观望，不向人间皱一下眉头。

［赏析］人活一世，精气神最重要。

57.［原文］缥缈孤鸿，影来窗际，开户从之，明月入怀，花枝零乱，朗吟"枫落吴江"之句，令人凄绝。

［译文］高飞的孤雁，影子来到窗前，打开门让明月进来，花枝零乱，大声诵读"枫落吴江"之句，让人觉得更加凄凉。

［赏析］孤冷凄清的夜里，不适合读愁苦之诗。

58.［原文］云破月窥花好处，夜深花睡月明中。

［译文］乌云断开，月光出来偷看鲜花的美丽；深夜，花朵在皎洁的月光里睡去。

[赏析] 月色正好，想想别人，也想想自己。

59. [原文] 三春花鸟犹堪赏，千古文章只自知。文章自是堪千古，花鸟三春只几时。

[译文] 春天的花鸟值得欣赏，千古好文章只有自己知道。文章可以传千古，春天的花鸟又能存在多久？

[赏析] 历史很长，当下很短。

60. [原文] 士大夫胸中无三斗墨，何以运管城？然恐酝酿宿陈，出之无光泽耳。

[译文] 士大夫胸无点墨，用什么来运笔作文？恐怕不能消化酝酿太久的东西，表达出来也没有什么文采。

[赏析] 管理者应该有丰富的知识和阅历。

61. [原文] 攫金于市者，见金而不见人；剖身藏珠者，爱珠而忘自爱。与夫决性命以饕富贵，纵嗜欲以损生者何异？

[译文] 在闹市抢金子的人，他只看到金子看不到人；剖开身体隐藏宝珠的人，只知道宝珠珍贵，忘记了身子才最珍贵。拼死求得荣华富贵的人，与放纵私欲、残害生灵的人有什么不一样？

[赏析] 许多人在追求所谓财富的过程中，恰恰丢了最宝贵的东西。

62. [原文] 李太白云："天生我才必有用，千金散尽还复来。"杜少陵云："一生性僻耽佳句，语不惊人死不休。"豪杰不可不解此语。

[译文] 李白说："天生我材必有用，千金散尽还复来。"杜甫又说："一生性僻耽佳句，语不惊人死不休。"豪杰不可不明白这话。

［赏析］为人要豪迈，作文要苦吟。

63.［原文］得意不必人知，兴来书自圣；纵口何关世议，醉后语犹颠。

［译文］得意时不一定要让人知道，兴致来了所写的文章，本来就很好。放纵言语，何必关心别人的议论？酒后的话尤其颠倒狂妄。

［赏析］关上门来，宣泄心中不平之气。而后，继续原来的生活。

64.［原文］英雄尚不肯以一身受天公之颠倒，吾辈奈何以一身受世人之提掇？是堪指发，未可低眉。

［译文］英雄尚且不肯以自己的清名接受上天的黑白颠倒，我们为何要以自己的名誉去接受世人的指责？即使能忍受别人的指责，也不要低眉折腰。

［赏析］做好自己，不惧流言蜚语。

65.［原文］能为世必不可少之人，能为人必不可及之事，则庶几此生不虚。

［译文］能成为世上不可少的人，能做世人做不到之事，那么此生就算不虚度了。

［赏析］吃得苦中苦，方为人上人。

66.［原文］儿女情，英雄气，并行不悖；或柔肠，或侠骨，总是吾徒。

［译文］儿女情长、英雄气概，是并行不悖的。或者是柔肠，或者是侠骨，总与我相伴徒。

［赏析］一身豪气，有侠骨、柔情，才是真实的英雄。

67.［原文］上马横槊，下马作赋，自是英雄本色。熟读《离骚》，痛饮浊酒，果然名士风流。

[译文] 上马能战，下马能吟诗作赋，才是英雄本色。熟读《离骚》，痛快地畅饮浊酒，才是真正的风流名士。

[赏析] 没有生活情趣的人，即便能征善战也不过是一介武夫。

68. [原文] 我辈腹中之气，亦不可少，要不必用耳；若蜜口，真妇人事哉。

[译文] 我们心中之气不可少，只是没必要常常拿来用而已。如果嘴巴甜得要命，真是妇人所为啊。

[赏析] 为人要有正义之气，不可小肚鸡肠。

69. [原文] 说剑谈兵，今生恨少封侯骨；登高对酒，此日休吟烈士歌。

[译文] 谈论剑术、兵法，恨今生没有封侯拜相的命。登高对饮，今日不要再吟咏壮烈之人的诗歌了。

[赏析] 有些人很努力，却总是不能成功，原因往往在其自身。

70. [原文] 身许为知己死，一剑夷门，到今侠骨香仍古；腰不为督邮折，五斗彭泽，从古高风清至今。

[译文] 士为知己者死，侯生自刭，血洒夷门，至今侠骨之香犹在；不为五斗米折腰，陶渊明的高风亮节流传至今。

[赏析] 侠肝义胆、刚正不阿之人，历史会记住他们。

第十一章　法——道法自然，规矩才有方圆

[原文] 自方袍幅巾之态，遍满天下，而超脱颖绝之士，遂以同污合流矫之，而世道不古矣。夫迂腐者，既泥于法，而超脱者，又越于法，然则士君子亦不偏不倚，期无所泥越则已矣，何必方袍幅巾，作此迂态耶！集法第十一。

[译文] 自从身穿僧衣、头戴幅巾的样子，遍及天下之后，超凡聪颖之人以同流合污来矫正自己，真是世道不古啊！迂腐的人拘泥于法，超脱的人超乎法外，然而君子不偏不倚，希望无所束缚。何必身穿僧衣、头戴幅巾，一副迂腐的样子！这是第十一章。

[赏析] 不论是饱学之士，还是凡夫俗子，世间种种既要能超脱，又要能遵循。一切合乎法的准则，才是大自由。

1.［原文］世无乏才之世，以通天达地之精神，而辅之以拔十得五之法眼。

［译文］世上从不缺人才，只要有通天达地的精神，并辅之以精准的选拔人才的眼光。

［赏析］交友要擦亮眼睛，要一心一意。

2.［原文］一心可以交万友，二心不可以交一友。

［译文］一心一意可交天下友人，三心二意交不到一个朋友。

［赏析］千里马常有，而伯乐不常有。如果你是一个管理者，需练就慧眼识才的本领，成为一个优秀的伯乐。如此，你的团队或者企业才能得到长足发展。

3.［原文］有世法，有世缘，有世情。缘非情，则易断；情非法，则易流。

［译文］有处世法则，有处世缘分，有处世感情。缘分中无情感，则容易断；情感中无法则，就容易放纵。

［赏析］为人处世，讲缘分更要讲原则。

4.［原文］世多理所难必之事，莫执宋人道学；世多情所难通之事，莫说晋人风流。

［译文］世上很多事情仅靠道理是无法解决的，不要老用宋人的道学去衡量；世上有很多事情是情感无法通达的，不要老说魏晋风骨。

［赏析］世界在变，处世原则也要变。

5. ［原文］与其以衣冠误国，不若以布衣关世；与其以林下而矜冠裳，不若以廊庙而标泉石。

［译文］与其衣冠楚楚耽误国家，不如以百姓姿态关心国事；与其因隐居而夸耀自己，不如身居廊庙而标举泉石之态。

［赏析］找准自己的定位，你也一样有价值。

6. ［原文］眼界愈大，心肠愈小；地位愈高，举止愈卑。

［译文］眼界越大，想问题越细致；地位越高，行为越要谦卑。

［赏析］高处不胜寒，要事事谨慎。

7. ［原文］少年人要心忙，忙则摄浮气；老年人要心闲，闲则乐余年。

［译文］少年要心中有事，才能收敛浮躁之气；老年人要心中无事，才能颐养天年。

［赏析］年轻人要沉下心来做事，老年人要沉下心来修身。

8. ［原文］晋人清谈，宋人理学，以晋人遣俗，以宋人裋躬。合之双美，分之两伤也。

［译文］晋人有清谈，宋人有理学，用晋代的清雅驱赶俗心，用宋人的理学安心修身。两者结合起来就完美，分开就两败俱伤。

［赏析］一个人只有外放内敛，才能保持动态的心理平衡，以达到完美。

9. ［原文］莫行心上过不去事，莫存事上行不去心。

［译文］不要做心里过不去的事，不要怀有悖事理的心思。

［赏析］做人做事要无愧于心。

10. ［原文］忙处事为，常向闲中先检点；动时念想，预从静里密操持。青天白日处节义，自暗室屋漏处培来；旋转乾坤的经纶，自临深履薄处操出。

［译文］做事时，要时常找闲暇自省；要想做事，可在安静的地方先练习。众人面前显示的节义，是在简陋的地方培养出来的；扭转乾坤的学问，是从危难的经验里历练出的。

［赏析］不可打无准备之仗。

11. ［原文］以积货财之心积学问，以求功名之念求道德，以爱子女之心爱父母，以保爵位之策保国家。

［译文］以积累财富的心思去积累学问，以求功名的心思去求道德，以爱护子女的感情去爱父母，以保官位的办法去保卫国家。

［赏析］认真对待你的身份以及言行。

12. ［原文］才智英敏者，宜以学问摄其躁；气节激昂者，当以德性融其偏。

［译文］才智过人的人，要靠学问来收其浮躁的心；气节激昂的人，要靠德行来融合他的偏激。

［赏析］做一个收放自如的人，能屈能伸。

13. ［原文］何以下达，惟有饰非；何以上达，无如改过。

［译文］用什么向下传达，只有掩饰过错；用什么向上传达，只有改正错误。

[赏析] 以身作则才能政令畅通。

14. [原文] 君子对青天而惧，闻雷霆而不惊；履平地而恐，涉风波而不疑。

[译文] 君子畏惧上天，听见雷声而不惊；走平地不恐惧，遇上风浪不疑惑。

[赏析] 心中有所畏惧，才能战无不胜。

15. [原文] 不可乘喜而轻诺，不可因醉而生嗔；不可乘快而多事，不可因倦而鲜终。

[译文] 不能因高兴而轻易许诺，不能因喝醉而嗔怪别人；不能因快活而生事端，不能因疲倦而有头无尾。

[赏析] 很多事情，不能由着自己的性子来。

16. [原文] 意防虑如拨，口防言如遏，身防染如夺，行防过如割。

[译文] 意念防止乱想如同拨动山脉一样，口头防止乱说如同堵塞洪流一样，身体防止污染如同夺命一样，行为防止过失如同割肉一样。

[赏析] 人生在世，应持如履薄冰之心。

17. [原文] 白沙在泥，与之俱黑，渐染之习久矣；他山之石，可以攻玉，切磋之力大焉。

[译文] 白沙在泥里，也会变黑，因为长期浸染；他山之石，可以打磨成玉，只要把工夫花在雕琢上。

[赏析] 近朱者赤。我们要跟别人学习，也要防止同流合污。

18. [原文] 芳树不用买，韶光贫可支。

[译文] 花草树木不用花钱来买，即便贫穷也可以支配美好的时光。

[赏析] 时间是最公平的，不管贫富。

19. [原文] 寡思虑以养神，剪欲色以养精，靖言语以养气。

[译文] 少一些烦恼可养神，寡欲可养精，少说话可养气血。

[赏析] 不胡思乱想，不胡言乱语。

20. [原文] 立身高一步方超达，处世退一步方安乐。

[译文] 立身比别人高一步就是豁达，处世比别人退一步才能快乐。

[赏析] 站得高才能看得远。退一步，才能海阔天空。

21. [原文] 救既败之事者，如驭临崖之马，休轻策一鞭；图垂成之功者，如挽上滩之舟，莫少停一棹。

[译文] 挽救危局就像悬崖勒马，不能再轻轻地打一鞭子；事情马上要成功时就像拉着船上岸，不能少划一桨。

[赏析] 有时候，成功与否在于那重要的一步。

22. [原文] 是非邪正之交，少迁就则失从违之正；利害得失之会，太分明则起趋避之嫌。

[译文] 是非邪正，一点点的迁就有可能会失去取舍标准；利害得失，太分明就可能生出趋利避害的私心。

[赏析] 原则问题不可迁就，利益得失不要太计较。

23. [原文] 事系幽隐，要思回护他，着不得一点攻讦的念头；人属寒微，要思矜礼他，着不得一毫傲睨的气象。

[译文] 事关隐私，要想着维护，不能有一点揭人短处的想法；如果对方出身寒微，你想礼遇于他，也不可有骄傲的表情。

[赏析] 行事莫揭人短，施舍也不可傲慢。

24. [原文] 毋以小嫌而疏至戚，勿以新怨而忘旧恩。

[译文] 不能因为小事而疏远亲人，不可因为新怨而忘了旧恩。

[赏析] 为人要冷静，要就事论事。

25. [原文] 礼义廉耻，可以律己，不可以绳人。律己则寡过，绳人则寡合。

[译文] 礼义廉耻只能约束自己，不能要求别人。约束自己可以少犯错误，要求别人则无人亲近。

[赏析] 与人相处要严己宽人。

26. [原文] 凡事韬晦，不独益己，抑且益人；凡事表暴，不独损人，抑且损己。

[译文] 凡事韬光养晦，对自己和别人都有好处；遇事不要张狂，否则损人也害己。

[赏析] 做事谨慎，做人低调。

27. [原文] 觉人之诈，不形于言；受人之侮，不动于色。此中有无穷意味，亦有无穷受用。

[译文] 发现别人狡诈，不要说出来。受人欺侮，不要表现在脸上。这里有无穷的意味，也能让人受用无穷。

[赏析] 不可欺负他人，也不可尽受人欺负。

28. [原文] 爵位不宜太盛，太盛则危；能事不宜尽毕，尽毕则衰。

[译文] 官位不要太高，高了危险；做事要留有余地，不然很快会由盛而衰。

[赏析] 水满则溢，万事要留有余地。

29. [原文] 遇故旧之交，意气要愈新；处隐微之事，心迹宜愈显；待衰朽之人，恩礼要愈隆。

[译文] 要是遇到自己以前的好朋友，彼此之间的情感和意气应该更加新鲜；处理隐秘微小的事情，自己的心思和形迹一定要更加明显；接待老人，礼节要更加隆重。

[赏析] 处世要变通，更要创新。

30. [原文] 用人不宜刻，刻则思效者去；交友不宜滥，滥则贡谀者来。

[译文] 用人不要太苛刻，否则会让愿意效力的人离去；交友不能乱来，否则拍马屁的人会凑上来。

[赏析] 对待他人不要太苛刻，交友要谨慎。

31. [原文] 忧勤是美德，太苦则无以适性怡情；淡泊是高风，太枯则无以济人利物。

[译文] 勤劳是美德，太苦就无法陶冶情操；淡泊是高风亮节，太枯燥则对人和物都无好处。

[赏析] 要掌握好度，不要苦了自己误了事。

32. ［原文］作人要脱俗，不可存一矫俗之心；应世要随时，不可起一趋时之念。

［译文］做人要脱俗，不能有一点矫正世俗的想法；处世要随和，不能有一点追随他人的念头。

［赏析］与人相处要有原则，也要有人情味。

33. ［原文］从师延名士，鲜垂教之实益；为徒攀高第，少受诲之真心。男子有德便是才，女子无才便是德。

［译文］从师只选名士，便很少能得到他亲自上课的好处；作为学生过于看重老师的出身，则很少有受教诲的真心。男子有才是德，女子无才是德。

［赏析］名气应与本领相符。男女平等，你我都要注意自身修养。

34. ［原文］病中之趣味，不可不尝；穷途之景界，不可不历。

［译文］疾病中的味道，要尝尝；走投无路时的境况，要经历一些。

［赏析］不经历风雨，就不知道自己有多大能耐。

35. ［原文］才人国士，既负不群之才，定负不羁之行，是以才稍压众则忌心生，行稍违时则侧目至。死后声名，空誉墓中之骸骨；穷途潦倒，谁怜宫外之蛾眉。

［译文］国家的栋梁之材，既然有超群的才干，就一定也会有不羁的言行，因此，稍有点超过别人的才华，就会招来嫉妒，行为稍有不同于时俗，就会受到他人指责。死后的名声，使墓中骸骨空受赞誉；穷困潦倒时，有谁可怜宫外的奴婢？

［赏析］我们把人抬得高高的，有可能会捧杀他。

36. [原文] 贵人之交贫士也，骄色易露；贫士之交贵人也，傲骨当存。

[译文] 富贵之人与贫寒之人成朋友，往往会有骄傲之色；贫寒之人与富贵之人交朋友，应有傲骨。

[赏析] 友情是双向的，你如何对待对方，对方也会如何对待你。

37. [原文] 君子处身，宁人负己，己无负人；小人处事，宁己负人，无人负己。

[译文] 君子宁愿被人辜负，也不愿辜负别人；小人宁愿辜负别人，也不愿被人辜负。

[赏析] 人与人相交，贵在真诚、平等，是意气相投，是心与心的交换。交朋友，不要在乎其外在条件，如外貌、家庭条件、财富多少，不然是交不到朋友的。

38. [原文] 要治世，半部《论语》；要出世，一卷《南华》。

[译文] 半部《论语》可治天下；要出世，则需一部《庄子》。

[赏析] 古人的经典是我们为人处世的智慧源泉。

39. [原文] 祸莫大于纵己之欲，恶莫大于言人之非。

[译文] 没有比纵容自己的欲望更大的灾祸了，没有比说别人的短处更大的恶了。

[赏析] 要学会控制自己的欲望，少说人长短。

40. [原文] 求见知于人世易，求真知于自己难；求粉饰于耳目易，求无愧于隐微难。

[译文] 让世人了解自己容易，让自己了解自己困难；粉饰耳目容易，无

人时无愧于心困难。

[赏析] 慎独，中国人的自律，你做到了吗？

41. [原文] 圣人之言，须常将来眼头过，口头转，心头运。

[译文] 圣人的话，要经常放在眼里、嘴里、心里。

[赏析] 先哲智慧，我们要好好传承。

42. [原文] 与其巧持于末，不若拙戒于初。

[译文] 与其在事情结束时努力，不如在开始时就戒除拙劣。

[赏析] 亡羊补牢，不如防患未然。

43. [原文] 君子有三惜：此生不学，一可惜；此日闲过，二可惜；此身一败，三可惜。

[译文] 君子有三种可惜：今生不学习，今天虚度了，名誉受损了。

[赏析] 珍惜时间，不断学习，世间的事情都不是难事。

44. [原文] 与其密面交，不若亲谅友；与其施新恩，不若还旧债。

[译文] 与其与场面上的人做好友，不如亲近知心好友；与其对别人施恩，不如还清旧债。

[赏析] 表面文章做多了，自己都觉得虚伪。

45. [原文] 见人有得意事，便当生忻喜心；见人有失意事，便当生怜悯心：皆自己真实受用处。忌成乐败，徒自坏心术耳。

[译文] 看见别人有得意之事，应该感到高兴；看见别人有失意之事，也要心生怜悯：这些都能自己也得到好处。嫉妒别人得意，欢庆别人失意，只

会让自己心术不正。

[赏析] 见不得别人成功，喜欢看别人失败，这样的人品德极差。

46. [原文] 恩重难酬，名高难称。

[译文] 恩情重了难以为报，名声大了难以与之相对应。

[赏析] 别老让自己站在高处，身累心也累。

47. [原文] 待客之礼当存古意，止一鸡一黍，酒数行，食饭而罢，以此为法。

[译文] 待客之道应该有古人的规矩，就一肉一饭，酒三行，吃饭完毕，以这个规矩待客。

[赏析] 戒除浪费，友情也存在于粗茶淡饭里。

48. [原文] 处心不可着，着则偏；作事不可尽，尽则穷。

[译文] 人心不可贪，贪则有失偏颇；做事不可尽，尽则没了后路。

[赏析] 人有欲望，不可有贪念。做人做事，都要给自己留后路。

49. [原文] 士人所贵，节行为大。轩冕失之，有时而复来；节行失之，终身不可得矣。

[译文] 读书人以气节为最大。官位丢了有时还能回来，气节丢了，终生无法再找回。

[赏析] 其实，何止读书人，所有人都应如此。

50. [原文] 势不可倚尽，言不可道尽，福不可享尽，事不可处尽，意味偏长。

[译文] 不能全靠势力，话不能说尽，福不可享尽，事不可做绝。这些话意味深长。

[赏析] 月满则亏，人要学会保护自己。

51. [原文] 静坐然后知平日之气浮，守默然后知平日之言躁，省事然后知平日之心忙，闭户然后知平日之交滥，寡欲然后知平日之病多，近情然后知平日之念刻。

[译文] 安静地坐会儿，就会知道平时的心浮气躁；沉默一会儿，就会知道平日说得太多了；放下事情，才知道清闲最宝贵；关上门，才知道平时与外界交往太多了；少了欲望，才知道平日的毛病多；体察人情，才知道自己平时太过古板。

[赏析] 坚持反省，你会发现另一个自己。

52. [原文] 喜时之言多失信，怒时之言多失体。

[译文] 高兴时说的话大多不可信，生气时说的话大多失分寸。

[赏析] 人无法随时保持清醒，但可以尽量少说话。

53. [原文] 泛交则多费，多费则多营，多营则多求，多求则多辱。

[译文] 广泛交往则浪费钱，浪费钱就要多经营，多经营就要多求人，多求人就会多受辱。

[赏析] 为了交友而交友，往往会使自己陷入困境。

54. [原文] 正以处心，廉以律己，忠以事君，恭以事长，信以接物，宽以待下，敬以治事，此居官之七要也。

[译文] 公正居心，廉洁自律，忠诚事君，谦恭事长，诚信接物，宽以待

人，敬以处事，这是为官的七则要义。

[赏析] 不管是当官，还是处事，这七则要义我们都得牢记。

55. [原文] 圣人成大事业者，从战战兢兢之小心来。

[译文] 成就大事业的圣明之人，都是从战战兢兢地做事开始的。

[赏析] 小心驶得万年船，小心才能稳扎稳打。

56. [原文] 酒入舌出，舌出言失，言失身弃。余以为弃身不如弃酒。

[译文] 酒喝多了就会口无遮拦，话说多了，往往有不得体的时候，祸从口出，会连累身体。与其不要身体，不如不喝酒。

[赏析] 君子当为酒的主人，而不是奴仆。

57. [原文] 青天白日，和风庆云，不特人多喜色，即鸟鹊且有好音。若暴风怒雨，疾雷幽电，鸟亦投林，人皆闭户。故君子以太和元气为主。

[译文] 青天白日，和风祥云，人多喜色，连鸟也叫得更好听了。如果暴风狂雨，电闪雷鸣，鸟就要归林，人们也会关上大门。因此，君子以阴阳冲和的元气为尊。

[赏析] 人生哪里那么多轰轰烈烈？平和才是最大的福气。

58. [原文] 胸中落"意气"两字，则交游定不得力；落"骚雅"二字，则读书定不深心。

[译文] 心中只有意气二字，则交游一定不得要领；心中只有诗歌文章，则读书一定入不了心。

[赏析] 交友不能只讲意气，读书不能只顾"骚雅"。

59. [原文] 交友之先宜察，交友之后宜信。

[译文] 交友之前应考察对方，交友之后应信任对方。

[赏析] 疑人不交，交人不疑。

60. [原文] 惟书不问贵贱贫富老少，观书一卷，则增一卷之益；观书一日，则有一日之益。

[译文] 只有书不问贵贱老幼，看一本书，就增加一本书的好处，读书一天，就有读书一天的好处。

[赏析] 开卷有益，书本对任何人都是公平的。

61. [原文] 坦易其心胸，率真其笑语，疏野其礼数，简少其交游。

[译文] 心胸要坦荡，说话要率直，礼数要简单，交游要简单。

[赏析] 修炼自身，才能交到真正的朋友。

62. [原文] 开口讥诮人，是轻薄第一件，不惟丧德，亦足丧身。

[译文] 开口就讽刺别人，这是很轻薄的，不仅丧失道德，更会让自己无立身之地。

[赏析] 修身第一位是不讥笑他人。

63. [原文] 人之恩可念不可忘，人之仇可忘不可念。

[译文] 别人对自己的恩惠要时时牢记，别人对自己的仇怨要尽快忘记。

[赏析] 不要老把对方的坏处记在心里。

64. [原文] 不能受言者，不可轻与一言，此是善交法。

[译文] 对于不能听进别人的话的人，不要多跟他说话，这是比较好的交

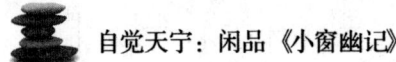

友方法。

[赏析] 既然对方油盐不进，多说也无益。

65. [原文] 君子于人，当于有过中求无过，不当于无过中求有过。

[译文] 君子对人应在过错中找对的地方，不应在没错的地方找错误。

[赏析] 对他人不能吹毛求疵，否则会让人无法接近。

66. [原文] 我能容人，人在我范围，报之在我，不报在我；人若容我，我在人范围，不报不知，报之不知。自重者然后人重，人轻者由我自轻。

[译文] 我能宽容别人，别人就会围在我四周，报答在我，不报答也在我；人如果宽容我，我就在别人的圈子里，不报偿不知道，报偿了也不知道。你自己自重，别人才能尊重你；别人轻视你，是因为你轻视自己。

[赏析] 做一个心胸宽广的人，容别人，也容于别人。

67. [原文] 高明性多疏脱，须学精严；狷介常苦迂拘，当思圆转。

[译文] 高明的人往往马虎懒散，需要多学习严谨的风格；孤高自傲的人往往迂腐拘泥，应不忘圆滑才行。

[赏析] 人无完人，每个人都要不断提升自我。

68. [原文] 性不可纵，怒不可留，语不可激，饮不可过。

[译文] 性格不可放纵，怒气不可久留，言语不可过激，喝酒不可过量。

[赏析] 过犹不及，任何事情都要有个度。

69. [原文] 能轻富贵，不能轻一轻富贵之心；能重名义，又复重一重名义之念。是事境之尘氛未扫，而心境之芥蒂未忘，此处拔除不净，恐石去而草复生矣。

[译文] 能轻视富贵，心中却放不下轻视富贵的念头；能重名义，心里却不断强调要重视名义。这是外界的灰尘没有打扫干净，心头的疙瘩没有解开。心里打扫不干净，即便把石头搬开，草也还会长出来。

[赏析] 轻视富贵，嘴上做到了，可是心里呢，真的放下了吗？

70. [原文] 待小人不难于严，而难于不恶；待君子不难于恭，而难于有礼。

[译文] 对小人，严格不难，难的是不讨厌他们；对待君子，谦恭不难，难的是内心敬重。

[赏析] 爱所有人，不管对方是小人还是君子。

71. [原文] 市私恩，不如扶公议；结新知，不如敦旧好；立荣名，不如种隐德；尚奇节，不如谨庸行。

[译文] 传播自己的恩惠，不如主持公道；结交新友，不如加深老友的情谊；创立荣誉名声，不如留下隐秘的德行；崇尚英雄气节，不如谨慎行事。

[赏析] 谨言慎行，做好当下才是最重要的。

72. [原文] 有一念而犯鬼神之忌，一言而伤天地之和，一事而酿子孙之祸者，最宜切戒。

[译文] 一个念头触犯了鬼神，一句话伤了天地之和，一件事给子孙酿了灾祸，最好戒掉它。

[赏析] 说该说的话，做该做的事。

73. [原文] 老成人受病，在作意步趋；少年人受病，在假意超脱。

[译文] 老成人的困扰，在于有意亦步亦趋；少年人的困扰，在于有意超脱物外。

[赏析] 不做与年龄不相称的事情，就是成熟的标志。

74. [原文] 为善有表理始终之异，不过假好人；为恶无表里始终之异，倒是硬汉子。

[译文] 做好事如果不能表里如一、有始有终，不过就是一个假好人；做坏事如果能表里如一、始终不变，倒也是一条硬汉子。

[赏析] 没有人总是好人，也没有坏人从不做好事。

75. [原文]《水浒传》无所不有，却无破老一事，非关缺陷，恰是酒肉汉本色，如此益知作者之妙。

[译文]《水浒传》里无所不有，却没有迫害老实人的事。这与作品缺陷无关，恰是酒肉英雄的本色。如此，可以发现作者的高明之处。

[赏析] 真正的英雄必须匡扶正义。

76. [原文] 衣垢不涴，器缺不补，对人犹有惭色；行垢不涴，德缺不补，对天岂无愧心！

[译文] 衣服脏了不洗，东西坏了不修，对人还有惭愧；行为有污点不去纠正，德行有缺陷不去弥补，对天能无亏心？

[赏析] 人应像爱护自己的身体一样，爱护德行。

77. [原文] 天地俱不醒，落得昏沉醉梦；洪蒙率是客，枉寻寥廓主人。

[译文] 天地都不醒，落得沉醉酣睡；洪蒙混沌是客人，白白寻找宇宙的主人。

[赏析] 这个世界很复杂，谁醒谁醉，没人知道。

78. [原文] 老成人必典必则，半步可规；气闷人不吐不茹，一时难对。

[译文] 老实人说话有根据，做事有原则，走半步都有规矩；气闷的人不说不咽，难以相对。

[赏析] 在生活中，我们做事要讲原则、守规矩，与他人交往时要为他人着想，不要为难、责怪人家。

79. [原文] 重友者，交时极难，看得难，以故转重；轻友者，交时极易，看得易，以故转轻。

[译文] 重情义的人刚开始相交起来困难，看起来很难接近，所以一旦接近就会看得很重。轻情义的人刚开始相交很容易，但是一旦他们得到友情就不会再重视。

[赏析] 往往轻易就能得到的东西，都不会太珍惜，交友也不例外。生活中，我们还是应该学会珍惜身边的亲人、朋友，珍惜他们的陪伴，珍惜与他们相处的每一分钟。

80. [原文] 近以静事而约己，远以惜福而延生。

[译文] 眼前要以安静之事来约束自己，长远则要靠珍惜幸福来延长生命。

[赏析] 为人要有近期计划和长远规划。

81. [原文] 掩户焚香，清福已具。如无福者，定生他想。更有福者，辅以读书。

[译文] 关上门点上香，这就具备了清福。如果还不觉得幸福，那肯定是有了别的想法。如果要增加幸福，就应多读书。

［赏析］读书也能增强人的幸福感。

82.［原文］国家用人，犹农家积粟。粟积于丰年，乃可济饥；才储于平时，乃可济用。

［译文］国家用人，就像农民储存粮食。丰年积存粮食，饥荒年才可以用来赈灾；才干要靠平时积累，这样到需要的时候才可使用。

［赏析］厚积薄发，任何事情都有一个积累的过程。

83.［原文］考人品，要在五伦上见。此处得，则小过不足疵；此处失，则众长不足录。

［译文］考察人品要看五伦。如果表现好，则小过失便是瑕不掩瑜；如果表现不好，则其他的长处也算不上是长处。

［赏析］考察人品，第一为孝顺。

84.［原文］国家尊名节，奖恬退，虽一时未见其效，然当患难仓卒之际，终赖其用。如禄山之乱，河北二十四郡皆望风奔溃，而抗节不挠者，止一颜真卿，明皇初不识其人。则所谓名节者，亦未尝不自恬退中得来也，故奖恬退者，乃所以励名节。

［译文］国家尊重有气节的人，奖励恬退，虽然不能一下子见到效果，但是危难之际可以靠他们力挽狂澜。如安史之乱时河北二十四郡都望风溃散。坚守名节顽强抵抗的人，只有颜真卿，唐玄宗刚开始却连他是谁都不知道。所谓重节义的人，也未尝不能从恬退的人中得到，因此，奖励恬退也是激励大家讲节义。

［赏析］在大诱惑前能恬退的人，可重用，他们往往是国家的中流砥柱。

85. ［原文］志不可一日坠，心不可一日放。

［译文］志气不可一日降低，心气不可一日放松。

［赏析］有志气，有心气，还要有耐力。

86. ［原文］精神清旺，境境都有会心；志气昏愚，处处俱成梦幻。

［译文］精神清爽旺盛，处处都有会心之感；志气低落昏庸，处处都是梦幻。

［赏析］拥有清爽旺盛的精神，什么困难都能克服。

87. ［原文］酒能乱性，佛家戒之；酒能养气，仙家饮之。余于无酒时学佛，有酒时学仙。

［译文］酒能乱人性情，因此佛家要戒酒；酒能养人气血，因此仙家提倡喝酒。我在无酒时学佛，有酒时学仙。

［赏析］酒乃身外之物，最关键的还是内心的修行。

88. ［原文］孟郊有句云："青山碾为尘，白日无闲人。"于邺云："白日若不落，红尘应更深。"又云："如逢幽隐处，似遇独醒人。"王维云："行到水穷处，坐看云起时。"又云："明月松间照，清泉石上流。"皎然云："少时不见山，便觉无奇趣。"每一吟讽，逸思翩翩。

［译文］孟郊有诗云："青山碾为尘，白日无闲人。"于邺有诗云："白日若不落，红尘应更深。"又说："如逢幽隐处，似遇独醒人。"王维有诗云："行到水穷处，坐看云起时。"又说："明月松间照，清泉石上流。"皎然有诗云："少时不见山，便觉无奇趣。"每次读到这些诗句，都觉得思绪飘飘。

［赏析］山水诗总是给人美的享受，总是让我们心向往之。

第十二章　倩——何为最美？心静无欲自由

[原文] 倩不可多得，美人有其韵，名花有其致，青山绿水有其丰标。外则山臞韵士，当情景相会之时，偶出一语，亦莫不尽其韵，极其致，领略其丰标。可以启名花之笑，可以佐美人之歌，可以发山水之清音，而又何可多得！集倩第十二。

[译文] "倩"之一字不可多得，美人自有风韵，名花自有雅致，山水自有仪态。对外是一副隐士的姿态，诗情与风景相会时，偶尔吟出一句诗来还是无法描摹其韵味、风度和仪态来。可让鲜花绽放，伴美人歌唱，发出山水一样的声音，又怎么可以多得！这是第十二章。

[赏析] 倩，应为一种韵味、风度和仪态，鲜花、美人、山水，就是倩的典型代表。倩，对于人来说，犹如佳人一般难以寻觅。

1. [原文] 会心处，自有濠濮间想，然可亲人鱼鸟；偃卧时，便是羲皇上人，何必秋月凉风。

[译文] 会心时，自然会有悠闲的心情，也可以亲近人、鱼和鸟；慵懒地躺着，就是羲皇上人，何必非要秋月凉风？

[赏析] 独享悠闲时，整个世界都安静了。

2. [原文] 一轩明月，花影参差，席地便宜小酌；十里青山，鸟声断续，寻春几度长吟。

[译文] 一窗明月，花影婆娑，席地而坐适合喝点小酒；十里青山，鸟声断断续续，为了寻找春天而几次长吟。

[赏析] 生活品质跟金钱、地位、权力等其他一切外在条件无关，只跟自己的心有关。一个真心热爱生活的人，他的生活品质肯定不会太差。

3. [原文] 入山采药，临水捕鱼，绿树阴中鸟道；扫石弹琴，卷帘看鹤，白云深处人家。

[译文] 上山采药，到水边捕鱼，绿树荫中的崎岖小路；扫石头弹琴，卷起珠帘看仙鹤，白云深处有人家。

[赏析] 白云深处，找寻一份幽静。

4. [原文] 沙村竹色，明月如霜，携幽人杖藜散步；石屋松阴，白云似雪，对孤鹤扫榻高眠。

[译文] 小村有竹色，明月如霜，与拄着拐杖的隐者月下漫步；石屋掩映在松林中，白云如雪，对着孤鹤扫床而卧。

[赏析] 只要有知心的人相陪，到处都是美景。

5. [原文] 焚香看书，人事都尽。隔帘花落，松梢月上。钟声忽度，推窗仰视，河汉流云，大胜昼时。非有洗心涤虑，得意爻象之表者，不可独契此语。

[译文] 焚香看书，俗事都忘了。隔着窗帘看花落，月上松树梢。钟声忽然传来，推开窗仰望星空，星河流云之美胜过白天。没有红尘洗涤，只满足于事物表象的人，不可领会其中的意义。

[赏析] 放下俗世烦恼，世界才变得平静。

6. [原文] 纸窗竹屋，夏葛冬裘，饭后黑甜，日中白醉，足矣！

[译文] 纸糊的窗竹做的屋，夏天的葛衣冬天的裘，饭后睡一会儿，中午醉酒，让人满足。

[赏析] 心情与物质没有太大关联。

7. [原文] 收碣石之宿雾，敛苍梧之夕云。八月灵槎，泛寒光而静去；三山神阙，湛清影以遥连。

[译文] 收回石头上的一夜薄雾，敛起苍梧上黄昏时的云朵。八月的小船，泛着寒光静静地划去；仙山上的宫殿，映着清清的影子，遥遥相望。

[赏析] 在晨雾暮霭中悠闲地走着，放逐心灵。

8. [原文] 空三楚之暮天，楼中历历；满六朝之故地，草际悠悠。

[译文] 楚地的天空苍茫，楼上寥落；铺满六朝故地的是无边的青草。

[赏析] 历史早已远去，只有青草还在生长。

9. [原文] 秋水岸移新钓舫，藕花洲拂旧荷裳。心深不灭三年字，病浅难销十步香。

[译文] 秋水岸边移动着新的钓船，藕花洲中摇动着旧的衣裳。心灵深处那三年前的字抹不掉，小病消不掉身边的香气。

[赏析] 秋天来了，你是否又想起了远方的人儿？

10. [原文] 翠微僧至，衲衣皆染松云；斗室残经，石磬半沉蕉雨。

[译文] 绿树掩映中和尚来了，僧衣上沾着林中的露水；小屋里看那没有看完的经书，雨打芭蕉如石磬般沉郁。

[赏析] 隐者都有一个知心的高僧朋友。

11. [原文] 黄鸟情多，常向梦中呼醉客；白云意懒，偏来僻处媚幽人。

[译文] 黄鸟多情，常在梦中呼唤醉客；白云慵懒，偏爱在偏僻处讨好隐士。

[赏析] 每个人都有自己想做的事情，也都有自己立身处世的原则，作为旁观者，只要做好自己就好，不要妄加评论。

12. [原文] 乐意相关禽对语，生香不断树交花，是无彼无此真机；野色更无山隔断，天光常与水相连，此彻上彻下真境。

[译文] 高兴时与飞鸟对话，树交织在一起开出花的香气来，是彼此不分的玄机；山野之色是山隔不断的，天色常与水相连，这是彻底的真境。

[赏析] 人隔不断与自然的联系，请善待自然。

13.［原文］美女不尚铅华，似疏云之映淡月；禅师不落空寂，若碧沼之吐青莲。

［译文］美人不喜欢化妆，就像稀疏的云映着淡淡的月亮；禅师不会空寂，就像碧水池塘里吐露青绿的莲花。

［赏析］自然、纯真才是真美。

14.［原文］书者喜谈画，定能以画法作书；酒人好论茶，定能以茶法饮酒。

［译文］书法家喜欢谈论绘画，就能用绘画的方法写字；喝酒的人喜欢谈论茶，就能用喝茶的方法喝酒。

［赏析］艺术是相通的。

15.［原文］诗用方言，岂是采风之子；谈邻俳语，恐贻拂尘之羞。

［译文］写诗用方言，怎么是采风的人？邻居的话如果用上韵脚，恐怕连拂尘都要含羞。

［赏析］不可成为书呆子，人终归要回归生活。

16.［原文］肥壤植梅花，茂而其韵不古；沃土种竹枝，盛而其质不坚。竹径松篱，尽堪娱目，何非一段清闲；园亭池榭，仅可容身，便是半生受用。

［译文］沃土种梅花，茂盛而韵味不够；沃土种竹子，茂盛而质地不坚硬。竹径松篱，叫人心旷神怡，这何尝不是一段清闲时光？园亭池榭，仅可容身，也是半辈子的享受。

［赏析］追求的东西不要太多，人生便没有那么多烦恼。

17. [原文] 南涧科头，可任半帘明月；北窗坦腹，还须一榻清风。

[译文] 在南边的窗户前摘掉帽子，可让明月照射半张竹帘；北边的窗户里袒胸露腹，还要用一榻清风。

[赏析] 率性而为，自然要为人服务。

18. [原文] 披帙横风榻，邀棋坐雨窗。

[译文] 打开书横躺在床上，坐在下雨的窗前请人一起下棋。

[赏析] 不问世事，不要辜负美好的雨天。

19. [原文] 绿染林皋，红销溪水。几声好鸟斜阳外，一簇春风小院中。

[译文] 山林染上了绿色，溪水中的红花消失了。夕阳外传来几声鸟鸣，一股春风来到了院中。

[赏析] 春天来了，诗人也该"复活"了。

20. [原文] 有客到柴门，清尊开江上之月；无人剪蒿径，孤榻对雨中之山。

[译文] 有客人到家，清酒入杯映照江上的明月；没人修剪路边的蒿草，独自躺在床上对着雨中的山峦。

[赏析] 有客来盛情招待，无客来心如止水。

21. [原文] 恨留山鸟，啼百卉之春红；愁寄垅云，锁四天之暮碧。

[译文] 怨恨留给山鸟，啼鸣出春天的桃红柳绿；愁苦寄给云朵，锁住天空中的暮色。

[赏析] 抛开怨恨和愁苦，做个无忧无虑的人。

22. [原文] 涧口有泉常饮鹤，山头无地不栽花。

[译文] 仙鹤常喝山口的泉水，山头上没有不可栽花的地方。

[赏析] 有些时候该讲究，有些时候要随性。

23. [原文] 双杵茶烟，具载陆君之灶；半床松月，且窥扬子之书。

[译文] 两股煮茶的烟，都飘在陆羽的茶灶上；松树之间的明月照耀了半张床，且看扬雄的大作。

[赏析] 半床明月半床书，还有什么比这更美好？

24. [原文] 帐中苏合，全消雀尾之炉；槛外游丝，半织龙须之席。

[译文] 帷帐中的苏合，香气都消失在雀尾的炉烟中；门外篾丝游动，织完了半张龙须草的席子。

[赏析] 一切慢慢来，不急不躁。

25. [原文] 瘦竹如幽人，幽花如处女。

[译文] 瘦竹就像隐士，暗暗开放的花就像处女。

[赏析] 心中美好，任何一种植物都是可亲的。

26. [原文] 晨起推窗，红雨乱飞，闲花笑也；绿树有声，闲鸟啼也；烟岚灭没，闲云度也；藻荇可数，闲池静也；风细帘青，林空月印，闲庭峭也。山扉昼扃，而剥啄每多闲侣；帖括因人，而几案每多闲编。绣佛长斋，禅心释谛，而念多闲想，语多闲词。闲中滋味，洵足乐也。

[译文] 早起推开窗户，花瓣纷飞，是花在悠闲地笑；绿树有声，是鸟在悠闲地叫；烟岚消失，是云在悠闲地飘；水藻可数，是水池很安静；风小帘青，林子空空月光照耀，庭院悠闲而峭丽。小门白天关着，敲门的多半是悠

闲的友人；文章和人一样，书桌上总是多出一些悠闲时写的东西。长长的斋戒绣佛像，以禅心解困惑，心中多悠闲的想法，言语中多悠闲的词句。悠闲中的滋味，足以成为欢乐。

［赏析］悠闲是上辈子修来的福分。

27.［原文］水流云在，想子美千载高标；月到风来，忆尧夫一时雅致。何以消天下之清风朗月，酒盏诗筒；何以谢人间之覆雨翻云，闭门高卧。

［译文］水流云飘，想着杜甫立下的千年榜样；月到风来，回忆邵雍当年的雅致。用什么消磨天下的清风明月？只有把酒吟诗。用什么谢绝人间的功利机巧？只有关门睡觉。

［赏析］心不静，关上门也没用。

28.［原文］午夜箕踞松下，依依皎月，时来亲人，亦复快然自适。

［译文］午夜盘腿坐在松下，月亮皎洁，不时来亲近人，也是很让人感到愉快的。

［赏析］明月是人的好朋友，不离不弃。

29.［原文］香宜远焚，茶宜旋煮，山宜秋登。

［译文］香要拿到远处点燃，茶要随饮随煮，山适合秋天去攀登。

［赏析］适应自然规律，看到的才是真的美。

30.［原文］中郎赏花云：茗赏上也，谈赏次也，酒赏下也。若夫内酒越茶及一切庸秽凡俗之语，此花神之深恶痛斥者，宁闭口枯坐，勿遭花恼可也。

［译文］袁宏道赏花时说：喝着茶赏花是最好的，一边说话一边赏花次

之，喝酒赏花为下。至于与茶无缘，只是以酒相伴，甚至出言庸俗污秽，那么这便是花神最深恶痛绝的，宁可干坐着不说话，也不要遭到花的恼恨。

［赏析］做一个会赏花的人，也是一门学问。

31. ［原文］赏花有地有时，不得其时而漫然命客，皆为唐突。寒花宜初雪，宜雨霁，宜新月，宜暖房；温花宜晴日，宜轻寒，宜华堂；暑花宜雨后，宜快风，宜佳木浓阴，宜竹下，宜水阁；凉花宜爽月，宜夕阳，宜空阶，宜苔径，宜古藤巉石边。若不论风日，不择佳地，神气散缓，了不相属，比于妓舍酒馆中花，何异哉！

［译文］赏花要讲究地方和时间，不是适当的时间而随便邀请客人，就是唐突。寒时开的花适合观赏的时间和地点是初雪、雨后天晴、新月、暖房。对于那些在温暖的春季开放的花，最好的观赏时间是在晴天丽日、气温还不是那么暖和的时候，在华丽的厅堂中邀请客人前来赏花。夏天开的花适合雨后、清风、树木茂盛、竹林中，或者是在水中的台阁之上进行观赏。天凉时开的花适合伴随清爽的月亮、夕阳、空阶、长满苔藓的小路、盘满藤蔓的石头一起欣赏。如果不管大风还是晴天，不选择好地方，神气少了，不相称了，这与妓院酒馆中的花有何不同？

［赏析］花应开在恰当的时间、地点才最美。

32. ［原文］云霞争变，风雨横天，终日静坐，清风洒然。

［译文］云霞不断变化，风雨自天际来，整天静静坐着，清风中飘飘欲仙。

［赏析］风云变幻，你能岿然不动吗？

33. ［原文］妙笛至山水佳处，马上临风，快作数弄。

[译文] 善吹笛子的人来到山清水秀的地方，一定要迎风吹上几曲。

[赏析] 美丽的风景、动人的音乐，会让人不自禁地忘却烦忧、沉醉其中，让人获得心灵的释放。所以说，经常到大自然中走一走，对我们的身心大有益处。

34. [原文] 园花按时开放，因即其佳称待之以客。梅花索笑客，桃花销恨客，杏花倚云客，水仙凌波客，牡丹酣酒客，芍药占春客，萱草忘忧客，莲花禅社客，葵花丹心客，海棠昌州客，桂花青云客，菊花招隐客，兰花幽谷客，酴醾清叙客，腊梅远寄客。须是身闲，方可称为主人。

[译文] 园中的花按时开放，因为与时令相称所以被当成客人对待。梅花是索要笑脸的客人，桃花是消除怨恨的客人，杏花是倚着云朵的客人，水仙是凌波客人，牡丹是醉酒客人，芍药是占据春色的客人，萱草是忘记忧愁的客人，莲花是有禅心的客人，葵花是铁血丹心的客人，海棠是昌州的客人，桂花是名声显达的客人，菊花是招来隐者的客人，兰花是幽谷中的客人，荼蘼是清谈的客人，蜡梅是志向高远的客人。必须心中无事，才可称为主人。

[赏析] 每一种花都有个性，需区别对待。

35. [原文] 马蹄入树鸟梦坠，月色满桥人影来。

[译文] 马蹄声传进树林，睡梦中的鸟惊而落地；月色洒满了桥身，有人影来去。

[赏析] 月下马蹄如空谷回声。

36. [原文] 无事当看韵书，有酒当邀韵友。

[译文] 没事时可看诗书，有酒时可邀好友。

[赏析] 有事无事都得有自己的生活。

37. [原文] 红蓼滩头，青林古岸，西风扑面，风雪打头，披蓑顶笠，执竿烟水，俨在米芾《寒江独钓图》中。

[译文] 红蓼布满滩头，青色树木长满古老的河岸，西风扑面，风雪打在头上，披着蓑衣戴着斗笠，面对着浩渺烟波拿着钓竿，俨然在米芾的《寒江独钓图》中。

[赏析] 独钓寒江雪，你以为美，可钓鱼人或许并不觉得美。

38. [原文] 冯惟一以杯酒自娱，酒酣即弹琵琶，弹罢赋诗，诗成起舞。时人爱其俊逸。

[译文] 冯吉以酒自乐，喝醉后就弹琵琶，弹完就写诗，诗写成就跳舞。当时人喜欢他的俊逸潇洒。

[赏析] 潇洒的人生谁不羡慕？

39. [原文] 风下松而合曲，泉萦石而生文。

[译文] 风从松下吹过，仿佛合乎音律；泉水绕着石头流，自然形成了波纹。

[赏析] 美妙的自然界总是给人奇妙的想象。

40. [原文] 秋风解缆，极目芦苇，白露横江，情景凄绝。孤雁惊飞，秋色远近，泊舟卧听，沽酒呼卢，一切尘事，都付秋水芦花。

[译文] 秋风解开缆绳，极目眺望芦苇，白露笼罩江面，情景凄凉。孤雁惊起而飞，秋色由远及近，停下小船躺卧着喝酒赌博，一切俗事都交给秋水芦花。

[赏析] 秋景凄凉，人的心情也跟着受到影响。

41. [原文] 设禅榻二，一自适，一待朋。朋若未至，则悬之，敢曰："陈蕃之榻，悬待孺子；长史之榻，专设休源。"亦惟禅榻之侧，不容着俗人膝耳。诗魔酒颠，赖此榻祛醒。

[译文] 摆上两张禅床，一张自己用，一张给朋友用。朋友如果还没到，就把它挂起来，敢说："陈蕃的床榻是专门为徐稚准备的，长史的床榻是专门给孔休源准备的。"只有禅床旁不允许俗人靠近。诗的魔法、酒的癫狂，要靠禅床清醒。

[赏析] 友人来了，有床可睡，有禅可谈，真好！

42. [原文] 春夏之交，散行麦野；秋冬之际，微醉稻场。欣看麦浪之翻银，积翠直侵衣带；快睹稻香之覆地，新醅欲溢尊罍。每来得趣于庄村，宁去置身于草野。

[译文] 春夏之交，在麦田散步；秋冬之交，微醉在稻场。喜看麦田翻银浪，翠绿钻进衣带；快乐地看着稻香满地，新酿的酒要溢出酒杯来了。每次来都从村庄得到乐趣，宁愿置身于草莽之中。

[赏析] 丰收的喜悦，是农人最大的安慰。

43. [原文] 羁客在云村，蕉雨点点，如奏笙竽，声极可爱。山人读《易》《礼》，斗后骑鹤以至，不减闻《韶》也。

[译文] 羁旅之客在云村，雨打芭蕉点点，如吹响笙箫，声音很可爱。山人读《易经》《礼记》，斗后骑着仙鹤来，不亚于听见韶乐。

[赏析] 山中读书是一种别样的享受。

44. [原文] 韵言一展卷间，恍坐冰壶而观龙藏。

[译文] 一打开诗书，恍如坐在月光中看那隐藏着的真龙。

[赏析] 读书时要有自己的想象。

45. [原文] 春来新笋，细可供茶；雨后奇花，肥堪待客。

[译文] 春天的新笋，细嫩得可以佐茶；雨后的奇花，鲜艳得可以招待客人。

[赏析] 春天、雨后，大自然会给人很多惊喜。

46. [原文] 赏花须结豪友，观妓须结淡友，登山须结逸友，泛舟须结旷友，对月须结冷友，待雪须结艳友，捉酒须结韵友。

[译文] 赏花要与豪放好友一起，观歌姬要与清雅好友一起，登山要与高逸之友一起，泛舟要与旷达好友一起，弄月要与冷峻好友一起，看雪要与美艳之友一起，喝酒要与诗友一起。

[赏析] 景好，人也要对。

47. [原文] 问客写药方，非关多病；闭门听野史，只为偷闲。

[译文] 向客人问写药方，跟病没有多大关系；关门看野史，只为了偷闲。

[赏析] 病因有很多，药只能治标。野史也要看看，那里有许多你意想不到的东西。

48. [原文] 岁行尽矣，风雨凄然，纸窗竹屋，灯火青荧，时于此间得小趣。

[译文] 快到年底了，风雨交加，这番景象让人看了感觉很凄凉，但是在纸窗竹屋里，在青荧的灯光下，可不时从中得到小乐趣。

[赏析] 风吹蜡烛，是凄凉，也是情趣。

49. [原文] 山鸟每夜五更喧起五次，谓之报更，盖山间率真漏声也。

[译文] 山鸟每晚五个更时共叫五次，这是报更，是山中自然的漏声。

[赏析] 山里的真趣味，是无拘无束。

50. [原文] 分韵题诗，花前酒后；闭门放鹤，主去客来。

[译文] 分韵写诗，花前酒后；关门放鹤走，主人离开客人来。

[赏析] 社会，虽然很现实，但是我们自己还是应保留一些率真和真诚，这样我们才能更好地生活。最勇敢的人往往是那些认清了现实的残酷，但仍乐观、真诚、率真生活的人。

51. [原文] 插花着瓶中，令俯仰高下，斜正疏密，皆有意态，得画家写生之趣方佳。

[译文] 把花插在瓶中，让其错落有致，斜正疏密不一，各有姿态，有画家写生之趣才最好。

[赏析] 插花是一门艺术，可陶冶情操。

52. [原文] 法饮宜舒，放饮宜雅，病饮宜小，愁饮宜醉，春饮宜郊，夏饮宜庭，秋饮宜舟，冬饮宜室，夜饮宜月。

[译文] 平日喝酒宜舒缓，放开喝酒要雅致，病中喝酒要用小杯，春天喝酒要到郊外，夏天喝酒要到庭中，秋天喝酒要泛舟，冬天喝酒要在家里，夜晚喝酒要有月可赏。

[赏析] 喝酒也要因时因地制宜。

53. [原文] 甘酒以待病客，辣酒以待饮客，苦酒以待豪客，淡酒以待清客，浊酒以待俗客。

[译文] 甜酒用以招待生病之客，辣酒用以招待善饮之客，苦酒用以招待豪爽之客，淡酒用以招待清雅之客，浊酒用以招待粗俗之客。

[赏析] 酒和人一样，也有品。

54. [原文] 仙人好楼居，须岧峣轩敞，八面玲珑，舒目披襟，有物外之观，霞表之胜。宜对山，宜临水；宜待月，宜观霞；宜夕阳，宜雪月。宜岸帻观书，宜倚槛吹笛；宜焚香静坐，宜挥麈清谈。江干宜帆影，山郁宜烟岚；院落宜杨柳，寺观宜松篁；溪边宜渔樵、宜鹭鸶，花前宜娉婷、宜鹦鹉。宜翠雾霏微，宜银河清浅；宜万里无云，长空如洗；宜千林雨过，迭障如新。宜高插江天，宜斜连城郭；宜开窗眺海日，宜露顶卧天风；宜啸，宜咏，宜终日敲棋；宜酒，宜诗，宜清宵对榻。

[译文] 仙人爱住楼房，要山势高峻，把窗户打开，八面玲珑，披衣放眼，有尘世外的景色，云霞般的胜景。适合对山，临水；观月，赏霞；看夕阳，赏雪月。适合取下头巾看书，适合倚着栏杆吹笛；适合焚香静坐，可挥起拂尘清谈。江上适合有帆影，山中适合有烟岚；院里适合有杨柳，寺庙适合有松竹；溪边有渔夫樵夫、鹭鸶，花前有美女、鹦鹉。适合云雾绕着树林，天河清浅；适合万里无云，碧空如洗；适合雨过天晴，山峦如新。适合高耸入云，适合斜着连接城墙；适合开窗眺望海天，适合摘掉帽子卧在风中；适合长啸，适合吟咏，适合整天下棋；适合喝酒，适合写诗，适合整夜对床清谈。

[赏析] 心中有海天，世界便宽广。

55. [原文] 良夜风清，石床独坐，花香暗度，松影参差。黄鹤楼可以不登，张怀民可以不访，《满庭芳》可以不歌。

[译文] 良辰清风，独自坐在石床上，花香轻轻飘来，松影婆娑。黄鹤楼可不登，张怀民可不访，《满庭芳》可不唱。

[赏析] 良辰美景，不要受任何拘束，不要浪费大好光阴。

56. [原文] 绿叶斜披，桃叶渡头，一片弄残秋月；青帘高挂，杏花村里，几回典却春衣。

[译文] 绿叶斜挂着，桃叶渡口，一片残缺的、凄冷的秋月悬挂在天空上；青帘高挂，杏花村里，几次把春衣典当。

[赏析] 可以没有衣服穿，不可没有酒喝。

57. [原文] 杨花飞入珠帘，脱巾洗砚；诗草吟成锦字，烧竹煎茶。良友相聚，或解衣盘礴，或分韵角险，顷之貌出青山，吟成丽句，从旁品题之，大是开心事。

[译文] 杨花飞入珠帘，脱掉头巾清洗砚台；草草写成的诗句吟出了好句子，烧竹煎茶。好友相聚，有的解开衣襟箕踞而坐，有的分开韵脚比赛写诗，很快写出了青山的样子，吟出了好句子，在一旁品评，也是开心之事。

[赏析] 好友相聚，怎么玩都是开心的。

58. [原文] 木枕傲，石枕冷，瓦枕粗，竹枕鸣，以藤为骨，以漆为肤，其背圆而滑，其额方而通。此蒙庄之蝶庵，华阳之睡几。

[译文] 木枕头很硬，石枕头很冷，瓦枕头很粗，竹枕头很响。用藤做骨架，用中药三七为外表，其背面圆润光滑，头额处方正通透。这是庄子梦蝶的去处，神仙们用的枕头。

[赏析] 枕头影响睡眠质量，不可轻视。

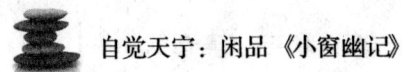

59. ［原文］小桥月上，仰盼星光，浮云往来，掩映于牛渚之间，别是一种晚眺。

［译文］月亮升到了小桥上，仰望星空，浮云来去，掩映于牛渚山之间，晚上远眺也别有一番趣味。

［赏析］深夜眺望夜空，就是和自己对话。

60. ［原文］医俗病莫如书，赠酒狂莫如月。

［译文］治疗"庸俗"这个毛病没有比读书更好的了；送给酒徒的礼物，没有比月亮更好的了。

［赏析］书中自有黄金屋，用心则处处是智慧。

61. ［原文］明窗净几，好香苦茗，有时与高衲谈禅；豆棚菜圃，暖日和风，无事听友人说鬼。

［译文］窗明几净，香好茶苦，有时与高僧谈禅；豆棚菜圃，暖日和风，无事时听友人说说鬼故事。

［赏析］人要可雅可俗才可爱。

62. ［原文］花事乍开乍落，月色乍阴乍晴，兴未阑，踌躇搔首；诗篇半拙半工，酒态半醒半醉，身方健，潦倒放怀。

［译文］花开得快谢得也快，月亮忽明忽暗，兴致未尽，不免徘徊搔首；诗文既不精巧也不拙劣，酒半醉半醒，身体还健康，可醉倒在地上袒胸露怀。

［赏析］把日子过得自由自在，是每个人的梦想，但是又有几人能做到？

63. ［原文］湾月宜寒潭，宜绝壁，宜高阁，宜平台，宜窗纱，宜帘钩，宜苔阶，宜花砌，宜小酌，宜清谈，宜长啸，宜独往，宜搔首，宜促膝。春月宜尊罍，夏月宜枕簟，秋月宜砧杵，冬月宜图书。楼月宜箫，江月宜笛，寺院月宜笙，书斋月宜琴，闺闱月宜纱橱，勾栏月宜弦索；关山月宜帆樯，沙场月宜刁斗。花月宜佳人，松月宜道者，萝月宜隐逸，桂月宜俊英，山月宜老衲，湖月宜良朋，风月宜杨柳，雪月宜梅花。片月宜花梢，宜楼头，宜浅水，宜杖藜，宜幽人，宜孤鸿。满月宜江边，宜苑内，宜绮筵，宜华灯，宜醉客，宜妙妓。

[译文] 水湾里的月亮适合寒冷的水潭，适合绝壁，适合高楼，适合平台，适合纱窗，适合帘钩，适合长满青苔的台阶，适合花坛，适合小酌几杯，适合清谈，适合长啸，适合独往，适合搔首，适合促膝而谈。春天的月亮适合酒樽，夏天的月亮适合枕席，秋天的月亮适合捣衣，冬天的月亮适合读书。楼上的月亮适合吹箫，江上的月亮适合吹笛，寺院的月亮适合吹笙，书斋的月亮适合弹琴，闺阁中的月亮适合纱橱，戏院的月亮适合演奏，关山的月亮适合舟楫，战场的月亮适合刁斗。花中月亮适合美人，松间月亮适合道士，藤萝间的月亮适合隐士，桂树间的月亮适合英雄，山中月适合老僧，湖中月适合好友，风中月适合杨柳，雪中月适合梅花。新月适合在花的枝头，适合在楼顶，适合在浅水，适合藜木拐杖，适合隐者，适合孤雁。满月适合江边，适合园内，适合豪华宴席，适合华丽的灯，适合醉酒之人，适合美姬。

[赏析] 不同的人，不同的地方，月亮也不一样。

64. [原文] 佛经云：“细烧沉水，毋令见火。”此烧香三昧语。

[译文] 佛经说：细烧沉水香，不要让人见到火。这是烧香的箴言。

[赏析] 烧香只见烟不见火，考验的是烧香的人。

65. [原文] 石上藤萝，墙头薛荔，小窗幽致，绝胜深山，加以明月清风，物外之情，尽堪闲适。

[译文] 石头上的藤萝，墙头的木莲花，小窗幽致，绝对胜过山中美景，加上清风明月，物外之情，人完全可闲适其中。

[赏析] 推窗见到的景色，你满意吗？

66. [原文] 出世之法，无如闭关。计一园手掌大，草木蒙茸，禽鱼往来，矮屋临水，展书匡坐，几于避秦，与人世隔。

[译文] 出世之法，没有比关上门更好的了。家虽然只有巴掌大，可草木葱茏，鸟鱼往来，小屋临水，翻开书正襟危坐，几乎可以避开所有事，与世隔绝。

[赏析] 在现实社会中，如果一个人内敛有余而外放不足的话，那么，与人交往就会存在问题。当然，不是说内敛不好，而是应在内敛和外放之间找到一个平衡点。如此，更有益于获得良好的人际关系。

67. [原文] 山上须泉，径中须竹。读史不可无酒，谈禅不可无美人。

[译文] 山上要有清泉，路上要有竹子。读史书不能没有酒，谈禅不能没有美人。

[赏析] 文人雅士，讲究的是一种韵味。

68. [原文] 蓬窗夜启，月白于霜；渔火沙汀，寒星如聚。忘却客子作楚，但欣烟水留人。

[译文] 晚上打开窗户，月光比霜还要白；沙洲上的渔火，寒星聚在一起。忘记自己只是做楚客，这如烟水色在挽留人。

[赏析] 旅人最怕的是思念。

69. ［原文］无欲者其言清，无累者其言达。口耳异人，灵窍忽启。故曰不为俗情所染，方能说法度人。

［译文］没有欲望的人说话清明，没有拖累的人说话通达。用委婉的言辞卑顺谦逊地对人说话，使人入口入耳，灵窍顿开。所以说不被俗事浸染，才能用佛法度人。

［赏析］放弃多余的欲望，人才能通达。

70. ［原文］临流晓坐，欸乃忽闻，山川之情，勃然不禁。

［译文］早晨坐在溪流边，忽然听见摇橹声，对山川的情感，忽然迸发而不可收。

［赏析］与山水亲近，情感如泉涌。

71. ［原文］午夜无人知处，明月催诗；三春有客来时，香风散酒。

［译文］半夜无人知身在何处，明月催着人吟诗；暮春有客来时，风中飘满酒香。

［赏析］月亮与人最近，诗酒与人最亲。

72. ［原文］如何清色界，一泓碧水含空；那可断游踪，半砌青苔殢雨。

［译文］色界如何才能清净？一湾碧水映蓝天。怎么才能断了游人的踪迹？雨落在废弃的青苔石阶上。

［赏析］每个人都是人生的游子。

73. ［原文］村花路柳，游子衣上之尘；山雾江云，行李担头之色。

［译文］村里的花、路上的柳，游子身上的灰尘；山上的雾、江上的云，行李上的匆匆之色。

[赏析] 你用什么样的视角去看世界，世界便是什么样的。我们若从不同的角度看世界，会发现原来世界还可以是这样的，生活还可以这样过。

74. [原文] 芒鞋甫挂，忽想翠微之色，两足复绕山云；兰棹方停，忽闻新涨之波，一叶仍飘烟水。

[译文] 草鞋刚刚挂上，忽然想到那片翠绿，双脚又仿佛被山间的白云围绕；小船刚刚停下，忽然听见涨潮声，小船又漂入水中。

[赏析] 心情平静，乐趣无边。

75. [原文] 旨愈浓而情愈淡者，霜林之红树；臭愈近而神愈远者，秋水之白蘋。

[译文] 香气越浓而情谊越淡的，当数霜打的红树；味道越近而心神越远的，当推秋水中的白蘋。

[赏析] 做个表里如一的人，说难则易。

76. [原文] 龙女濯冰绡，一带水痕寒不耐；姮娥携宝药，半囊月魄影犹香。

[译文] 龙女洗白绢，一带水痕耐不住寒冷；嫦娥携宝药，月魄被装入囊中，影子还有香气。

[赏析] 嫦娥应悔偷灵药。

77. [原文] 山馆秋深，野鹤唳残清夜月；江园春暮，杜鹃啼断落花风。

[译文] 深秋山上的驿馆，清冷的残月下有鹤鸣叫；暮春时江中的园子，杜鹃叫断了吹落花儿的风。

[赏析] 农人的惬意，是炊烟，是花鸟。

78.［原文］石洞寻真，绿玉嵌乌藤之杖；苔矶垂钓，红翎间白鹭之蓑。

［译文］到石洞寻找真趣，绿玉嵌在乌藤手杖中；在长满青苔的石头上垂钓，红翎装点白鹭羽毛一样的蓑衣。

［赏析］何人不起故园情？对于每一个游子来说，乡愁从来都是不会消去的。

79.［原文］晚村人语，远归白社之烟；晓市花声，惊破红楼之梦。

［译文］傍晚村里有人说话，远远归来看见家里升起炊烟；早市上的卖花声，惊破红楼梦境。

［赏析］田园生活对于每一个人都是有吸引力的，尤其是那些城市里的人。既然向往，不如找个时间，到乡间走一走、看一看，更能使人获得快乐。

80.［原文］晓入梁王之苑，雪满群山；夜登庾亮之楼，月明千里。

［译文］早上来到梁王的花园，雪落满群山；晚上登上庾公楼，明月照耀千里。

［赏析］白天赏花，夜晚赏月，人生两大乐事。

81.［原文］高卧酒楼，红日不催诗梦醒；漫书花榭，白云恒带墨痕香。

［译文］高卧酒楼，太阳不会催醒诗人的梦；在花榭中随手写点什么，白云一直带着墨香。

［赏析］太阳、白云，都是诗人笔下的美好意象。

82.［原文］相美人如相花，贵清艳而有若远若近之思；看高人如看竹，贵潇洒而有不密不疏之致。

[译文] 欣赏美人如欣赏花，贵在清艳而有若远若近的情思；看雅人如看竹，贵在潇洒而有不密不疏的韵致。

[赏析] 若有花的清艳、竹的潇洒，此人可交。

83. [原文] 梅称清绝，多却罗浮一段妖魂；竹本萧疏，不耐湘妃数点愁泪。

[译文] 梅以清绝著称，因此才有了罗浮山那段关于妖魂的故事；竹本来潇洒孤傲，耐不住湘妃的点点愁泪。

[赏析] 万物有灵，似通人性。

84. [原文] 眉端扬未得，庶几在山月吐时；眼界放开来，只好向水云深处。

[译文] 眉毛未扬起，难道是因为山中月亮刚升起？眼界放开来，直望向水云深处。

[赏析] 打开眼界，到处都是美景。

85. [原文] 刘伶携壶荷锸，死便埋我，真酒人哉；王武仲闭关护花，不许踏破，直花奴耳。

[译文] 刘伯伦带着酒壶，扛着锸，跟人说"死了就把我埋了"，这是真正爱喝酒的人。王武仲闭门护花，不许人践踏，这是真正的花奴。

[赏析] 前人的潇洒、真性情，我们很难学到了。

86. [原文] 一声秋雨，一声秋雁，消不得一室清灯；一月春花，一池春草，绕乱却一生春梦。

[译文] 一声秋雨落，一声秋雁啼，难消一室清冷；一个是月下春花，一

个是池中春草，搅乱一世春梦。

[赏析] 你还记得你做的关于春天的梦吗？

87. [原文] 夭桃红杏，一时分付东风；翠竹黄花，从此永为闲伴。

[译文] 桃花艳丽杏花绯红，在东风的吹拂下一时竞吐芳华；翠竹黄花，从此成了永远的悠闲的伙伴。

[赏析] 自然规律中藏着情趣。

88. [原文] 花影零乱，香魂夜发，辄然而喜。烛既尽，不能寐也。

[译文] 花影零乱，香气在夜里发出，高兴得大笑。蜡烛快燃尽了，还睡不着。

[赏析] 为高兴的事一夜未眠，那是因为心中还有梦想。

89. [原文] 寻芳者追深径之兰，识韵者穷深山之竹。

[译文] 寻芳草的人追随深径里的兰花，懂韵味的人看尽深山竹林。

[赏析] 芳草幽竹，只有真正懂它们的人才能找到。

90. [原文] 花间雨过，蜂粘几片蔷薇；柳下童归，香散数茎檐葡。

[译文] 花间有雨落，蜜蜂身上沾着几片蔷薇花瓣；柳树下儿童归来，几株萄葡散发香气。

[赏析] 小雨过后，蜂飞蝶舞，牧童归来，葡萄飘香。

91. [原文] 幽人到处烟霞冷，仙子来时云雨香。

[译文] 隐士到的地方烟霞都是冷的，仙子来时云雨都是香的。

[赏析] 不问世事，所以到处都冷；仙子爱人，所以时时都香。

92. [原文] 落红点苔，可当锦褥；草香花媚，可当娇姬。莫逆则山鹿溪鸥，鼓吹则水声鸟啭。毛褐为纨绮，山云作主宾。和根野菜，不让侯鲭；带叶柴门，奚输甲第。

[译文] 落花装点青苔，可当成锦褥；草香花媚，可当成娇妻。山鹿溪鸥是我的莫逆之交，水声鸟啼是我的背景音乐。粗布衣服当盛装，山上的云做主宾。带着根野菜，就是美味佳肴；带叶子的简陋的门，难道就输给了豪华的家吗？

[赏析] 安贫乐道之人，心中无欲无求。

93. [原文] 墨池寒欲结，冰分笔上之花；炉篆气初浮，不散帘前之雾。

[译文] 砚台冷寒快要结冰了，用笔蘸着墨写出的字上似乎都带着寒意；香炉上烟刚升起，在窗前形成云雾不散去。

[赏析] 何必非要豪华住所，心中有情趣，到处都是最好的家。

94. [原文] 青山在门，白云当户，明月到窗，凉风拂座，胜地皆仙，五城十二楼，转觉多设。

[译文] 青山在门外，白云做窗，明月进入窗户，凉风吹拂座椅，好地方就是仙境，五城十二楼，总觉得是多余的。

[赏析] 精神的自由与物质条件无关。

95. [原文] 何为声色俱清？曰松风水月，未足比其清华。何为神情俱彻？曰仙露明珠，讵能方其朗润。

[译文] 什么是声色俱清？回答：松间的风，水中的月，都比不上它的清华。什么是神情俱彻？回答：仙人甘露，璀璨明珠，难道能与它的光泽媲美？

[赏析] 美丽总在人的意念之中。

96. [原文] 逸字是山林关目，用于情趣，则清远多致；用于事务，则散漫无功。

[译文] "逸"字是隐居的关键，用在情趣上，则清雅高远、情致十足；用于事务，则散漫而无成功的可能。

[赏析] 同一件事如果所处位置不同，意义也就不同。

97. [原文] 宇宙虽宽，世途眇于鸟道；征逐日甚，人情浮比鱼蛮。

[译文] 宇宙虽然很大，但世上的路比山间小道还要难走；征伐越来越多，不如浮舟江上做个渔夫。

[赏析] 世间多凶险，得学会保护自己。

98. [原文] 柳下舣舟，花间走马，观者之趣，倍过个中。

[译文] 柳树下停舟，在花丛走马，欣赏的人之情趣，超过其中。

[赏析] 走马观花看的不是花，是情趣。

99. [原文] 问人情何似？曰：野水多于地，春山半是云。问世事何似？曰：马上悬壶浆，刀头分顿肉。

[译文] 问人情像什么？说：隐者多在土地上，春山上一半是云。问世事像什么？说：马上挂着酒瓶，用刀割肉吃。

[赏析] 世事洞明皆学问，人情练达即文章。

100. [原文] 尘情一破，便同鸡犬为仙；世法相拘，何异鹤鹅作阵。

[译文] 尘世情分一破，则同鸡犬一起成仙；世俗礼法相缚，与用鹤鹅布

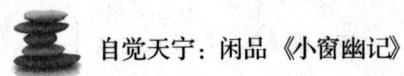

阵有何不同？

　　[赏析] 放下世间情缘，遵守世间规则。

　　101. [原文] 清恐人知，奇足自赏。

　　[译文] 清雅怕人知道，新奇可以自赏。

　　[赏析] 不留名方为真隐者。

　　102. [原文] 与客倒金樽，醉来一榻，岂独客去为佳；有人知玉律，回车三调，何必相识乃再。笑元亮之逐客何迂，羡子猷之高情可赏。

　　[译文] 给客人倒酒，醉了睡上一觉，怎能让客人独自离去？有人通晓音律，下车为他演奏几曲，不求再次相逢。笑陶渊明逐客太迂腐，羡慕王徽之高雅之情可欣赏。

　　[赏析] 隐者也要有朋友、客人来往。

　　103. [原文] 高士岂尽无染？莲为君子，亦自出于污泥。丈夫但论操持，竹作正人，何妨犯以霜雪。

　　[译文] 高洁之士都是不受污染的吗？莲花是君子，也从淤泥中长出。大丈夫最重操节，竹为正人君子，受点霜雪又何妨？

　　[赏析] 不受磨难之人何以成材？

　　104. [原文] 东郭先生之履，一贫从万古之清；山阴道士之经，片字收千金之重。

　　[译文] 东郭先生的鞋，可以作为千古清贫的象征；山阴道士的经书，几个字都值千金。

　　[赏析] 雅士心中最有分量的东西，往往是我们忽略的。

105. [原文] 因花索句，胜他牍奏三千；为鹤谋粮，赢我田耕二顷。

[译文] 因花而思考诗句，胜过案牍三千；为鹤谋取粮食，胜过辛苦劳作两顷土地。

[赏析] 为花作诗，为鹤谋粮，此为高雅情趣。

106. [原文] 至奇无惊，至美无艳。

[译文] 奇到极致则不惊讶，美到极致则不惊艳。

[赏析] 美好的事物做到极致，便是普通寻常。

107. [原文] 瓶中插花，盆中养石，虽是寻常供具，实关幽人性情。若非得趣，个中布置，何能生致！

[译文] 瓶中插花，盆中养石，虽是寻常的器具，实际上关乎隐士的性情。如果不是真能领略其中情趣，这些布置又如何能生出韵致来？

[赏析] 养花、赏石，一切均由心生。

108. [原文] 湖海上浮家泛宅，烟霞五色足资粮；乾坤内狂客逸人，花鸟四时供啸咏。

[译文] 湖海上以船为家，以五色烟霞为粮；天地间的狂客逸人，有四季花鸟可供吟诗。

[赏析] 泛舟五湖看四季花鸟，生活有山有水。

109. [原文] 养花，瓶亦须精良，譬如玉环、飞燕不可置之茅茨，嵇阮贺李不可请之店中。

[译文] 养花，瓶子要精致，就好像杨玉环、赵飞燕，不可让她们住在茅

屋中，嵇康、阮籍、贺知章、李白不可请到店里。

[赏析] 养花也好，为人也罢，要因人而异、灵活变通。

110. [原文] 才有力以胜蝶，本无心而引莺。半叶舒而岩暗，一花散而峰明。

[译文] 有才气、力气的人可胜过蝴蝶，本来无心却引来莺莺燕燕。半片叶子舒展而岩石暗淡，一花开放而山峰明丽。

[赏析] 山峰明丽，有蝴蝶翻飞，是美好世界。

111. [原文] 玉槛连彩，粉壁迷明。动鲍照之诗兴，销王粲之忧情。

[译文] 秋月洒满槛壁，墙壁上月色迷离，叫人动了鲍照的诗兴，消除了王粲的忧愁。

[赏析] 明月总是搅动诗人的诗情。

112. [原文] 急不急之辨，不如养默；处不切之事，不如养静；助不直之举，不如养正；恣不禁之费，不如养福；好不情之察，不如养度；走不实之名，不如养晦；近不祥之人，不如养愚。

[译文] 急于陷入那些本不该着急的争辩，不如养成少说话的性格；处理那些不确切的事，不如养成安静的性格；帮助那些不正义的事，不如养成正直的性格；纵容挥霍无度的消费，不如养成惜福的习惯；喜欢不了解情况就指手画脚，不如修养度量；为不实之名奔走呼号，不如韬光养晦；接近不祥之人，不如养成大智若愚的性格。

[赏析] 何事可为，何事不可为，人生大智慧也！

113. [原文] 诚实以启人之信我，乐易以使人之亲我，虚己以听人之教我，恭己以取人之敬我，奋发以破人之量我，洞彻以备人之疑我，尽心以报人之托我，坚持以杜人之鄙我。

[译文] 靠诚实获取别人的信任，以平易近人获得别人的亲近，虚心听取别人的教诲，谦恭使得别人尊敬我，用勤奋来消除别人对我的歧视，用清醒的目光消除别人对我的怀疑，尽心尽力完成别人托付我的事情，以坚持不懈来杜绝别人的鄙视。

[赏析] 有时候，我们不需要跟他人解释太多，行动是最好的回击。